U0393984

# 连续灌溉学概论

杨庆理　编著

科学出版社

北京

# 内 容 简 介

　　连续灌溉是用微量水以 24h 不停的给水方式将水分从地下直接送达植物根部的一种新型的灌溉方法,是一种保持水分供给量与水分消耗量动态平衡的灌溉方式。本书系统地讨论了连续灌溉的基本概念和原理,介绍了以微润管为给水器的微润连续灌溉系统的结构、工作方式、操控要点和运行特点,并与传统的间歇式灌溉进行了对比。除此之外,本书还收集整理了国内很多高等院校及科研院所对这项新型技术方法的理论探讨和应用研究的进展情况,详细介绍了不同专业的学者对这项新型技术的看法及评价,较全面地反映了连续灌溉的研究现状。

　　本书可供水利、农林业和环境生态等领域从事节水、现代灌溉研究和应用的科技人员及相关专业的学生参考。

**图书在版编目(CIP)数据**

连续灌溉学概论 / 杨庆理编著. —北京:科学出版社,2018
ISBN 978-7-03-054015-7

Ⅰ. ①连… Ⅱ. ①杨… Ⅲ. ①灌溉—概论 Ⅳ. ①S274

中国版本图书馆 CIP 数据核字(2017)第 179079 号

责任编辑:耿建业　武　洲 / 责任校对:王萌萌
责任印制:师艳茹 / 封面设计:无极书装

科学出版社 出版
北京东黄城根北街 16 号
邮政编码:100717
http://www.sciencep.com

**北京画中画印刷有限公司** 印刷
科学出版社发行　各地新华书店经销
*
2018 年 3 月第 一 版　开本:720 × 1000　1/16
2018 年 3 月第一次印刷　印张:9
字数:181 000

**定价:98.00 元**
(如有印装质量问题,我社负责调换)

# 序　言

　　连续灌溉是灌溉学领域此前从未涉及的技术范畴，它是膜材料科学与灌溉学在学科交叉点上产生的一个新的学术分支。该书详细介绍了连续灌溉的原理和特点，阐述了连续灌溉对作物生理活动的积极影响，并讨论了连续灌溉在农业、林果业、生态建设、次生盐渍化土地治理、加气灌溉等领域的应用与管理。该书对理解及应用连续灌溉技术有较好的指导作用，并对该技术的深入研究与发展提供了基础。

　　该书作者首先突破了用通用高分子材料制造管式半透膜的关键技术，利用半透膜材料既是能量界面又是传质界面的功能性特点，解决了微润连续灌溉给水器的流道消能问题，实现了膜灌溉。膜界面传质过程对系统压力的敏感性，使得膜灌溉系统的压力–通量响应关系更加灵敏与精确。从而实现了按作物的消耗过程控制供水的灌溉方法。灌溉系统单位时间的供水量与农田作物的即时消耗水量相当，使农田水分不盈不亏，随时消耗，随时补充，处于动态平衡状态。灌溉系统以 24h 不停供水的方式，满足作物 24h 连续吸水的生理需求，在农田水分优化并保持动态平衡的基础上，实现了连续灌溉。

　　灌溉技术从间歇式向连续式的跨越不仅是技术手段的提高，也是方法论意义的跃升。它彻底改变了灌溉过程的土壤含水量特征曲线，使土壤中水分的能量状态、运移行为、有效性等出现了许多新特征。近年来，国内许多水力学、农艺学及灌溉学学者注意到了这种变化，已有许多高校和科研院所的上百名专家针对微润连续灌溉技术的特征进行了深入研究，从不同的学术角度发表了数百篇论文，加快了该项研究的进展速度，提升了研究水平，使该项技术方法由初创走向发展、由不完善走向逐渐成熟，使中国在连续灌溉方法的研究方面达到国际领先水平。

　　微润连续灌溉项目的研究受到国家科学技术主管部门的重视和支持，在"十二五"期间，项目被科学技术部列为"十二五""国家高技术研究发展计划"（863计划），深圳市已拨专项资金支持该项目的研究。在研究过程中，得到了西北农林科技大学、中国农业大学和中国水利水电科学研究院的帮助与合作，解决了许多关键性难题，使得该项原创性研究工作得以顺利推进。

　　近 10 年来的应用实践表明，连续灌溉方法具有突出的节水性能，但是作者提出的"在充分灌溉条件下充分节水"的理念，以追求高产为前提追求高效节水的主张能否实现，尚需更大量的实践来证明，还需要做更多深入细致的探讨与研究。

中国工程院院士
中国水利水电科学研究院水资源所名誉所长
流域水循环模拟与调控国家重点实验室主任

2018 年 2 月于北京

# 前　　言

"水不仅为维持地球的一切生命所必须，而且对一切社会经济部门都具有生死攸关的重要意义"（《二十世纪议程》）。近年来，全球水危机越演越烈，放眼之处，到处可见水危机的踪迹。水危机已成为继石油危机后的第二大资源性危机。与解决石油危机的不同之处在于：至今尚未找到水的替代物质。所以解决水危机的基本途径是科学用水和节约用水。

本书从功能性新材料入手，通过新型管状半透膜的研制，将膜技术引入灌溉领域，试图解决科学灌溉高效节水问题。

膜技术是 20 世纪十大技术进步之一。膜的神奇之处在于：它应用到哪个领域就会给该领域的相关技术带来革命性变化。这一点已经在化工、医药、食品、环境保护等领域得到广泛认可和应用，许多繁杂、冗长、艰难的工艺过程一旦用膜过程替代，就会变得简易而高效。有些过去认为不可能实现的工艺过程（如活性材料的常温分离），现在借助膜材料的功能，实现起来挥洒自如。

将膜技术应用于野外环境下的灌溉领域是一次大胆的尝试，令人欣慰的是，在这次尝试中膜技术一如既往地显现出特有的功能性和有效性，同样也给灌溉技术领域带来了新气象。它以防止根系入侵和倒吸堵塞解决了地下灌溉的关键技术，实现了灌溉领域一直追求的地下灌溉梦想，将灌溉给水过程由地面转入地下，由敞开的耗散环境转变为隔离的相对封闭的环境，增加了土壤水环境的可控性和稳定性。灌溉形式由地面向地下转变，是一次灌溉技术方法的跃升，其明显特点是灌溉节水效果达到以往地面灌溉难以达到的程度。在地下灌溉的基础上，膜灌溉的第二次提升是实现了连续灌溉。连续灌溉出现了与以往间歇式灌溉完全不同的土壤含水量特征曲线，以灌溉品质的时间均匀性消除了旱涝交替对作物生长过程的胁迫，为作物提供了更为优良的水分环境。间歇式灌溉的可操控边界是地面，水分一旦越过边界进入土壤就完全失去了可操控性，水分的行为仅由环境条件决定。连续灌溉改变了这种状况，将水分操控的边界延伸至土壤中，可对土壤水进行即时调控，并且"以水调气""以水调肥"等技术方法，实现了对农业生产中更多要素条件进行精准的掌控，使灌溉更具科学性和适应性，更有利于提高农业生产能力。

将膜技术用于微润连续灌溉领域是一种创新性尝试。创新是一个人对一个已知知识体系的挑战，其过程的艰辛与孤独是可想而知的。所幸的是微润连续灌溉理念提出后，受到了本领域专家学者的广泛关注，他们从不同的专业角度对微润连续灌溉进行了审视分析、理论探索和应用性研究。他们的研究极大地拓宽了研究的视野，在理论研究的深度、学科范围的广度和学术水平的高度等方面已远远超过作者知识与能力所及的范畴，对微润连续灌溉知识的系统化和理论化起到了很大的推动与促进作用，成为连续灌溉发展的重要部分。为能反映连续灌溉现有研究的全貌和已达到的水平，本书专门设置一章以大量引用的方式对典型的研究论文进行详细介绍。在此作者向学者们的研究工作致以深深的敬意，向论文的作者表示由衷的感谢！

在本书编写过程中，石懿、全天惠、周梦娜在文字编录、图形绘制、书稿审校等方面给予了诸多帮助，在此一并致谢！

限于个人的知识水平和认识能力，书中不足之处，欢迎读者批评指正并切磋讨论。

在本书即将付梓之际，作者因微润连续灌溉研究获得由国务院授予的2017年度国家科学技术进步奖二等奖。本奖项的获得既是一种鼓励，也是对本书面世最好的祝福。

作　者

2018 年 3 月 19 日于深圳

# 目　　录

## 第二部分　应　用　篇

# 第一部分　原　理　篇

# 第1章  连续灌溉基本原理

连续灌溉是用微量水以 24h 不停的给水方式将水分从地下直接送达植物根部的一种新型的灌溉方法。

这里所说的微量水是指给水器单位时间释放出的水量较少，且释放量可以准确控制。通过适当控制，灌溉系统单位时间供出的水量与作物农田消耗水量程度相当。二者数量的匹配使得作物的消耗能得到适量补足，基本上可实现消耗多少、补足多少，随时消耗、随时补足，在水量的供应与消耗之间达到平衡状态，使土壤含水量不盈不亏，稳定地保持在某一特定的水平。

这里所说的 24h 不停的给水方式，从时间上保障了上述平衡的动态化，使平衡成为不随时间推移而变化的动态平衡。由于植物是 24h 不间断吸收、消耗水分，灌溉系统只有随时同步供水才能保障供需平衡不受破坏。所以，连续灌溉以 24h 不停供水的方式在时间上保障了水分补足的同步，使上述平衡变成一个动态的平衡过程。在给水器-土壤-植物根系组成的三元系统中，水分的供需平衡一旦建立，即可动态地保持下去，使灌溉过程更贴近植物的生理特点，灌溉水在数量上与植物的消耗匹配，在时间上与植物的需求同步。

连续灌溉以微润管为给水器，微润管埋入植物根区附近，将水分直接供给到根部。灌溉的湿润体首先在土壤内部形成。在正常情况下，湿润体的上缘不露出地面，潮湿的土体不直接暴露于大气环境中，灌溉过程土壤表面一直保持干燥。地表干土层稳定了湿润体，使湿润体变成与环境因素阻隔开的相对封闭系统，辐照强度、地面风速、大气湿度等蒸发扰动因素对湿润体的影响锐减，一方面大幅降低了土壤水分的蒸发损失，另一方面使土壤含水量稳定。从而造就了连续灌溉土壤含水量的一个重要特点：土壤含水量一旦优化确定，就可以在相当长的一段时间内保持不变，使优化效果具有时间延续性，灌溉时间变为优化延续的时间。相对于间歇式灌溉在一个灌溉周期内土壤含水量越来越少、水势越来越低、单位时间灌溉有效性越来越低的情况，连续灌溉相当于提高了灌溉时间的有效性和灌溉品质的时间均匀性，这些性能的差异清楚地反映在二者不同的土壤含水量特征曲线上(详见 2.3 节)，并成为两种不同灌溉方式的标志性差异。

总之，连续灌溉是一种给水方式温和、给水量恰当、灌溉过程可控、灌溉效果稳定的新型灌溉方式。这种方法与传统间歇式灌溉的主要差异在于：由于给水方式的不同，消除了干湿循环过程造成的旱涝交替胁迫，在时间维度上保障了土壤含水量的均匀性和灌溉品质的稳定性。

微润连续灌溉系统由首部水源、输水管路及田间管网三大部分组成，其核心技术的载体是微润管。微润管使 24h 不停地准确给水成为可能，为给水方式的连续化提供了技术条件。

# 1.1 微 润 管

微润管是用高分子材料制成的多孔管，孔密度约 10 万个/cm$^2$，孔径大小为 10～900nm，属纳米级孔径。大量的微孔均匀地分布于管壁上，成为微润管的出水通道。微润管内部充水后，管壁 360° 同时出水，使管壁整体湿润，整条管成为沿长度方向线源供水的给水器，管铺到哪里，就可以湿润到哪里。微润管埋入地下，可使管周边的土壤都逐渐湿润，形成以微润管为轴心、与管等长的圆柱形湿润体(图 1.1)。

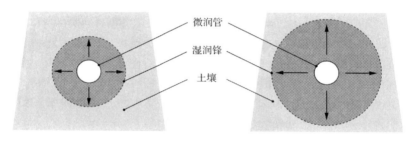

图 1.1  微润管水分释放和湿润体形成示意图

微润管管壁上的微孔孔径分布属于半透膜的孔径范围，所以微润管是一种半透膜管，具有半透膜的功能。半透膜的一个重要特点是当它作为界面介于两种不同物质之间时，半透膜既是物质界面，又是能量界面。被半透膜隔离的两种液体或液体与固体之间，可以依据二者之间的能量差异，进行定向的物质流动和能量流动。这一特点，决定了微润管作为地下给水器的水分出流行为。在管内有压力和没有压力两种情况下，微润管的水分出流行为有所不同。

## 1.1.1  管内无压力时微润管的水分出流行为：无压或负压灌溉

将微润管埋在干燥的土壤中，内部充满水后，微润管管壁充当界面，将水与土壤隔离开。管壁或半透膜两侧存在的水势差可以表示为

$$\Delta\varphi = \varphi_{水} - \varphi_{土}$$

式中，$\Delta\varphi$ 为水势差；$\varphi_{土}$ 为土壤水势，通常为负值，随着土壤中水分的增加，水势不断上升而逐渐接近于零；$\varphi_{水}$ 为管内水水势，在静止状态下由水的位能和自

由水水势两部分组成。即

$$\varphi_{水} = \varphi_{P} + \varphi_{Z}$$

式中，$\varphi_{P}$ 为管内水的位能；$\varphi_{Z}$ 为自由水水势，纯自由水水势为零。

水分在水势差的驱动下做越膜运动，由高能处流向低能处，由管内流向管外。

当管内水无外加压力时，也就是供水水位与土壤处于同一高度时，$\varphi_{P}$ 等于零，同时 $\varphi_{Z}$ 也为零，这时：$\Delta\varphi = -\varphi_{土}$。土壤越干燥，$\varphi_{土}$ 越低，水势差越大，驱动越膜的能量越高，水分从管内流向管外的速度越快。渗出的水使土壤逐渐湿润，$\varphi_{土}$ 缓慢上升，膜两侧水势差变小，从管内向土壤渗出水的速度降低。当土壤越来越湿，土壤含水量达到毛管持水量最大值即田间持水量 $\theta_{f}$(field capacity)水平时，$\varphi_{土}$ 升高，接近于零，此时管壁两侧水势差消失，水分基本不再从管内流向管外，灌溉给水过程自动停止(表 1.1)。

表 1.1　管壁两侧水势差与微润管出水速度

| 土壤情况 | 膜两侧水势 | 水势差 $\Delta\varphi$ | 管的出水速度 |
|---|---|---|---|
| 干燥 | $\varphi_{土} \ll 0$ | 大 | 快 |
| 湿润 | $\varphi_{土} < 0$ | 小 | 慢 |
| 潮湿 | $\varphi_{水} \approx \varphi_{土}$ | 无 | 停止 |

可见在水-膜-土三者组成的体系中，由于膜的能量界面作用，微润管的出水量随土壤湿度自动地进行调整。灌溉过程的终止点是 $\varphi_{土}$ 上升至零、土壤湿度达到田间持水量左右。用无内压的微润管进行灌溉不会产生重力水，可用于高渗漏性土质的灌溉。例如，沙漠植物的灌溉，解决了沙土持水能力差、重力水易于造成深层渗漏损失的问题。

如果在上述体系的土壤中栽入植物，植物的蒸腾作用加速了土壤中的水分消耗，使土壤水势降低。与此同时，降低的土壤水势加速了微润管的出水速度，使土壤含水量增加，补充了植物消耗的部分。植物消耗得多，微润管补充得多；植物消耗得少，微润管补充得少。微润管的灌溉过程成为按作物消耗进行及时补充的自动过程。但是该自动过程的范围有限，只有当作物耗水量很低、耗水速度很慢时，才可能实现。如果作物耗水速度很快，根区土壤失水所发出的能量信号不能快速传递到界面处，微润管的出水量也不足以满足作物的耗水量需求，那么，这种自动过程将失效。所以，除非特殊场合需要，一般不采用无压灌溉，正常的农田灌溉还是使用正压灌溉。

研究表明，微润管除可以进行无压(零水头)灌溉外，也可以进行负压(负水头)灌溉。所谓负压灌溉是指供水水源的位置低于微润管所处的平面，此时，$\varphi_P$ 小于零，$\varphi_Z$ 等于零，而管内外的水势差为

$$\Delta\varphi = \varphi_P - \varphi_\pm$$

水是否能够从管内渗入土壤取决于土壤水势是否比管内水的位能更低。只要负压灌溉产生的负水势高于干燥土壤的负水势，灌溉过程就可以自动进行，灌溉系统依靠微润管管壁的内外势差自动提水进行灌溉。

虽然负压灌溉具有设备简单、不消耗机械能的优点，但由于单位时间供水量过于微小，目前尚难作为灌溉手段直接用于正常农业生产。

### 1.1.2 管内有压力时微润管的水分出流行为：正压灌溉

当用微润管作为给水器构成灌溉网络后，管内水的位能大于零时所进行的灌溉过程称为正压灌溉。这时微润管内水的出流速度取决于这时的水势差：

$$\Delta\varphi = \varphi_P - \varphi_\pm$$

由上式可以看出，当微润管在进行灌溉的初始阶段，干燥土壤水势较低，管内水的出流速度较快；随着土壤的湿润，与微润管接触的土层成为湿润层，土壤水势逐渐增加接近于零，这时压差就简化为

$$\Delta\varphi = \varphi_P$$

也就是说，管内水的出流速度只和管内水受到的压力相关。

西北农林科技大学牛文全等对微润管的出水量与压力的关系进行了系统的研究，得到下述关系[1]：

$$y=Ax+B \tag{1.1}$$

式中，$y$ 为单位长度微润管单位时间的出水量，$mL/(m\cdot h)$；$x$ 为管内压力，m 水柱；$A$、$B$ 为与土壤性质有关的系数。

可见，微润管的出水量与压力呈线性关系(图 1.2)，流态指数为 1。在黏壤土中：

$$A=64.84 \quad B=25.61$$

$$y=64.84x+25.61 \quad R^2=0.995 \tag{1.2}$$

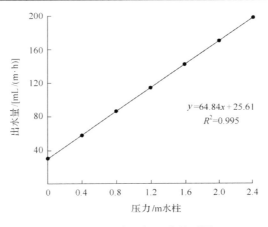

图 1.2 出水量与压力关系图

1m 水柱$=9.807 \times 10^{-3}$MPa

在特定的土壤中，压力一定时，微润管单位时间的出水量衡定。随时间的延长，微润管在某一时段的出水量曲线是一条与时间轴平行的直线。例如，当灌溉系统压力为 2.0m 水柱（20kPa）时，微润管单位时间出水量为 155mL/(m·h)；而当压力降至 1.8m 水柱（18kPa）时，微润管单位时间出水量为 142mL/(m·h)，在恒定压力下，用微润管出水量对时间作图，得到的结果如图 1.3 所示。

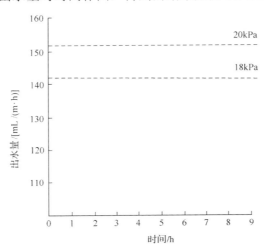

图 1.3 恒定压力下微润管出水量与时间关系图

### 1.1.3 连续灌溉土壤含水量特征曲线

由图 1.3 可见，当微润灌溉系统保持一定压力进行灌溉时，微润管出水量可以长时间保持稳定。同时，由于压力是一个连续变量，可以任意取值，当压力在一定范围内调节时，微润管的出水量也随之发生变化。这说明微润管是一种可调节出水量的给水器。由式(1.2)可知，在微润管最高工作压力(10m 水柱)内，出水量可调范围很大，为 25.61～674.01mL/(m·h)，足以满足作物各种需水量要求。同时，调节精度是以毫升为单位，可以准确地控制给水量，利用微润管出水量可调的特点调节压力，准确地控制给水器的出水量，使灌溉系统的供水量与农田的消耗量相当，农田水分收支平衡，从而使土壤含水量达到有利于作物生长的最佳状态。具体做法如下：

(1)将系统压力设置为较高压力 $P_1$，保持 $P_1$ 压力灌溉一段时间并同时测定土壤含水量。若发现土壤含水量不断上升，说明此时灌溉系统的供水量大于作物在该时段农田水分的消耗量，使水分不断在土壤中积累，土壤含水量逐步上升。此时，应调降压力以减少灌溉系统单位时间的供水量。

(2)将系统压力调降至 $P_2$，再灌溉一段时间，定时测定土壤含水量，若发现土壤含水量逐渐下降，说明灌溉系统供水量满足不了农田水分的消耗量，土壤处于缓慢变干的过程，需调升压力，调升单位时间的给水量。

(3)由于灌溉系统的压力是连续可调的，经几次压力调节和土壤含水量测定，总可在 $P_1$ 与 $P_2$ 之间找到一个合适的压力 $P_b$，在 $P_b$ 压力下，土壤含水量不再上升，也不再下降，而是稳定地保持在 $\theta_b$ 附近，说明此时灌溉系统的日供水量补充了农田水分的日消耗量，农田水分收支平衡，土壤含水量处于稳定状态。$P_b$ 称为初始灌溉平衡压力，$\theta_b$ 称为农田初始平衡湿度。

(4)将 $P_b$ 保持一段时间，如 5 天。在 $P_b$ 压力下，灌溉系统的给水量补充了农田水分蒸散消耗量。因此，在保持连续灌溉时段内，土壤含水量(相对)不发生变化，土壤相对含水量特征曲线如图 1.4 所示。

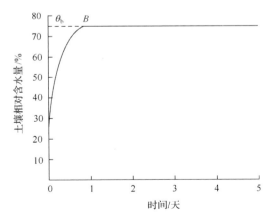

图 1.4　连续灌溉土壤相对含水量特征曲线

图 1.4 是连续灌溉土壤相对含水量特征曲线，其特点是：$B$ 点是该时段内作物消耗水的等量补偿点。$B$ 点所对应的系统压力为 $P_b$。在 $P_b$ 压力下，连续灌溉系统的给水量刚好补充当时作物的耗水量，使土壤水分不盈不亏，土壤含水量处于稳定状态。保持 $P_b$ 压力进行灌溉，土壤含水量将较长时间稳定地保持在 $\theta_b$ 左右，使土壤相对含水量曲线成为一条与时间轴平行的平滑曲线。

其中，$\theta_b$ 是作物在该生长阶段需水量得到充分满足时土壤含水量的实际状态，是在供需动态平衡中自然达成的状态。

在 $\theta_b$ 状态下，土壤水分充沛而无盈余。由于土壤空气的体积与土壤水的体积之和等于土壤的总孔隙，对特定土壤而言，总孔隙是一个常数。土壤水分无盈余意味着土壤含气量达到了最大值。因此，$\theta_b$ 状态是一个水量充沛、含气充足、水气协调的状态。也可以看做是连续灌溉条件下特有的一种农田水分状态。

## 1.1.4　作物全生长期连续灌溉过程

在植物生长发育过程中，不同的生长期对水量需求不同。联合国粮食及农业组织（Food and Agriculture Organization of the United Nations, FAO）用作物系数描述作物不同生长阶段的耗水情况，给出代表性的作物系数曲线[2]（图 1.5 中的虚线），并按照一般规律，将作物的全生长期划分为长短不同的 4 个阶段，并用 4 段实线近似代表作物系数曲线，如图 1.5 所示。

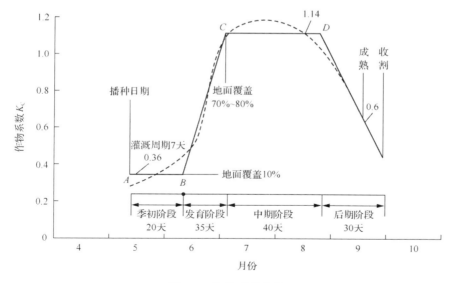

图 1.5　作物系数曲线

$$K_C = \frac{ET_C}{ET_0} \tag{1.3}$$

式中，$K_C$ 为作物系数；$ET_C$ 为作物需水量；$ET_0$ 为潜在蒸散量。

主要作物的作物系数见表 1.2。

**表 1.2　主要作物各生长阶段的作物系数[2]**

| 作物 | 生长阶段 | | | | | 全生长期 |
|---|---|---|---|---|---|---|
| | 季初阶段 | 发育阶段 | 中期阶段 | 后期阶段 | 收获 | |
| 棉花 | 0.4～0.5 | 0.7～0.8 | 1.05～1.25 | 0.8～0.9 | 0.65～0.7 | 0.8～0.9 |
| 花生 | 0.4～0.5 | 0.7～0.8 | 0.95～1.1 | 0.75～0.85 | 0.55～0.60 | 0.75～0.8 |
| 玉米 | 0.3～0.5 | 0.7～0.85 | 1.05～1.2 | 0.8～0.95 | 0.55～0.60 | 0.75～0.9 |
| 马铃薯 | 0.4～0.5 | 0.7～0.8 | 1.05～1.2 | 0.85～0.95 | 0.7～0.75 | 0.75～0.9 |
| 水稻 | 1.1～1.15 | 1.1～1.5 | 1.1～1.3 | 0.95～1.05 | 0.95～1.05 | 1.05～1.2 |
| 高粱 | 0.3～0.4 | 0.7～0.75 | 1.0～1.15 | 0.75～0.8 | 0.5～0.55 | 0.75～0.85 |
| 大豆 | 0.3～0.4 | 0.7～0.8 | 1.0～1.15 | 0.7～0.8 | 0.4～0.5 | 0.75～0.9 |
| 向日葵 | 0.3～0.4 | 0.7～0.8 | 1.05～1.2 | 0.7～0.8 | 0.35～0.45 | 0.75～0.85 |
| 小麦 | 0.3～0.4 | 0.7～0.8 | 1.05～1.2 | 0.65～0.75 | 0.2～0.25 | 0.8～0.9 |

　　参照图 1.5 的作物系数曲线，在进行作物全生长期的连续灌溉时，根据不同生长期需水量的不同进行分段处理：

　　第一阶段，季初阶段，约 20 天，作物处于苗期，需水量较小，作物系数为 0.36。按 1.1.3 节中所述方法对灌溉系统压力进行调节，取得第一阶段的平衡压力 $P_{b1}$，保持压力 $P_{b1}$ 连续灌溉 20 天，作物在适宜的土壤湿度 $\theta_{b1}$ 下受到灌溉，顺利度过季初阶段，到达如图 1.6 所示的 $B$ 点。

　　第二阶段，发育阶段，随植株长大和气温升高，作物进入旺长期，需水量越来越大，在约 35 天时间内作物系数由 $B$ 点的 0.36 上升至 1.14。为适应作物需水量逐日升高的需要，第二阶段须对灌溉系统的出水量进行较频繁的调整。在压力 $P_{b1}$ 的基础上通过微量上调压力 $\Delta P$，使系统压力增至 $P_{b2}$，$P_{b2} = P_{b1} + \Delta P$，$\Delta P$ 的大小由观察测定土壤的湿度变化确定，以压力微调引起出水量的增量恰好补足作物水分的消耗量为准，这样农田水分又达到一个压力为 $P_{b2}$ 水平的动态平衡。其后，每隔 2～3 天进行一次压力微调，使土壤水分分段平衡。经多次微量调升及多次平衡，在 35 天内将灌溉系统的供水量由 $B$ 点调升至 $C$ 点水平。

　　第三阶段，中期阶段，也是作物全生长期中需水量最大的阶段。保持 $C$ 点的平衡压力 $P_{bC}$ 进行连续灌溉，使灌溉水量满足该时段最大耗水量的需求，直至该阶段末。

第四阶段，后期阶段，作物进入成熟期，可依照作物需水量递减的情况，逐步调减系统压力，降低灌溉系统的出水量。

作物全生长期分段平衡灌溉曲线如图 1.6 所示。

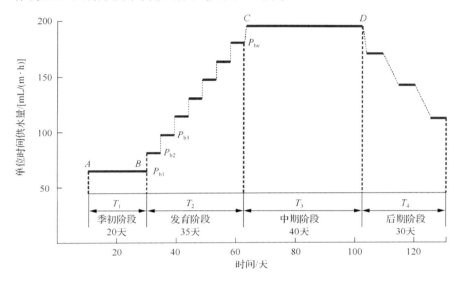

图 1.6 作物全生长期分段平衡灌溉曲线

由图 1.6 可见，连续灌溉以分段平衡的方式进行，可满足作物不同生长阶段对水分的不同需要。通过前后衔接的多个平衡时段，实现作物全生长期的平衡连续灌溉。灌溉过程较好地拟合了作物系数曲线，说明该灌溉过程可比较准确地满足作物全生长期的水分需求。

连续灌溉以分段平衡的方式进行，不仅是为了最大限度地节水，避免奢侈灌溉，最主要的是追求平衡，在全生长期内为作物提供水、气平衡的生长条件，使灌溉效果达到最优化。

上述逐段调控过程看似复杂，实际很容易操作：初始灌溉平衡压力 $P_b$ 一经确定后，每次调控只是简单地微量调升 $\Delta P$。如果采用自动控制设备，水分传感器探头采集到的信号传递到执行机构，电磁减压阀按接收信号及时调节系统压力，可以更准确地拟合作物曲线，使灌溉过程更加精确化。

## 1.2 湿 润 体

微润管的使用方法是将管埋入土壤中进行地下灌溉。微润管管壁沁出的水分使与之接触的土壤湿润，湿润的土壤将水分传递给外层干土，在水分逐层传递过程中，渐渐形成以微润管为轴心的圆柱形湿润体，作物根系从湿润体中吸收水分，受到灌溉，如图 1.7 所示。

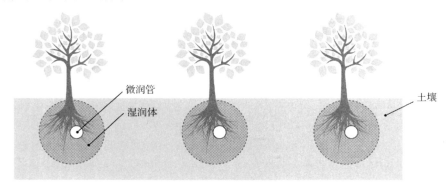

图 1.7　土壤中湿润体示意图

### 1.2.1　湿润体内的水分流动行为

由于微润管出水速度很慢，水分有足够的时间被土壤颗粒表面吸附并沿土粒表面浸润扩散或进入土壤毛管成为毛管水，只要微润管的出水速度小于土壤的导水速度，土壤内就不会形成重力水。土箱检测表明，在质地均匀的土壤中，湿润体的形状为正圆柱形。在圆柱横剖面上，相同时间内水分沿 $x$ 方向运移的距离与沿 $y$ 方向运移的距离呈 1∶1 关系，即微润管向上、下、左、右渗出的水量相同。这是微润连续灌溉湿润体的一个重要特征，也是地下灌溉技术追求的一项重要的技术指标。

地下灌溉被认为是最高效节水的灌溉方法，是灌溉技术的发展方向。但是，目前各种地下滴灌方法存在的一个很大问题是滴头滴出的水具有重力水特点，主要是向下渗透，使形成的湿润体深埋于地表之下，无法露出地面。地表存在的干土层过厚往往在播种或移栽时需要人工浇水，给农田作业增添了一些麻烦。这种不便一直被认为是地下灌溉的技术缺陷。

微润连续灌溉的水分出流特点克服了这一技术缺陷。在微润管形成的湿润体中，水分可以向上运移，而且向上运移的距离与向下及向左、向右运移的距离是相等的，只要湿润体的直径足够大，使圆柱形湿润体的上缘与地面相交，湿润体就可以露出地面，使地表局部湿润，方便农田播种或移栽，如图 1.8 所示。

这里需要说明的是，湿润体露出地面只是为了播种或移栽等农耕作业，而不是微润连续灌溉的正常工作状态。因为地表湿润部分的土壤水分处于大气蒸发力控制阶段，会以较高的速度稳定蒸发，水分损失量很大。所以，在播种或移栽作业完成后，应及时降低灌溉系统压力，减小供水强度，使湿润体直径变小，收缩到地表以下，在保持地表有 2～3cm 干土层的情况下进行正常的地下灌溉。

图 1.8 蔬菜移栽时土壤湿润体露出地面示意图

湿润体内水分流动具有两个特点：一是各向同性，水分以微润管为轴，向四周单向扩散形成圆柱形湿润体；二是不产生重力水。这两个特点对高渗漏性土质的灌溉很有意义。通常用传统的灌溉方法进行灌溉时，水分进入高渗漏土壤后(如沙土)，水分垂直向下运移量远远大于水平运移量。大量水分在重力作用下迅速越过根层区渗入深层，成为无效水。重力水的渗漏损失是沙土等高渗漏性土壤水分损失的主要方式，如浇灌方式不当，沙土会像无底洞一样，浇多少水损失多少水，植物能利用的部分很少。致使沙漠灌溉成为至今尚未得到很好解决的灌溉难题。

以正确的给水方式供水时，微润连续灌溉的湿润体内不会产生重力水，全部水分或是在颗粒表面附着或是在毛管内悬存，即使在沙土中，湿润体的形状也是圆柱形，说明没有发生渗漏。圆柱形的直径是可控的，可以适当操控使其下缘止于根区层之内。从而可以较好地解决沙漠灌溉的渗漏损失问题。

## 1.2.2 湿润体的体积

湿润体的体积大小与微润管释放出的总水量成正比。在不考虑水分消耗的前提下，微润管供出的总水量越多，湿润体的体积越大。

在一定供水量下，湿润体的扩展速度与时间相关，关系如下[3]：

$$R = At^b$$

式中，$R$ 为湿润体半径，cm；$t$ 为入渗时间；$A$、$b$ 为常数。当土壤质地为砂质土壤时，湿润体向水平方向入渗：

$$A=2.2727 \quad b=0.4102$$

$$R=2.2727t^{0.4102} \quad r^2=0.9988$$

在正常工作压力下，相同时间内湿润体半径扩展的距离在水平方向、垂直向上及垂直向下 3 个方向上基本一致，如图 1.9 所示。虽然在距微润管较远处，三者间出现一些差异，但主要是土质均匀度造成的，与重力因素无关。

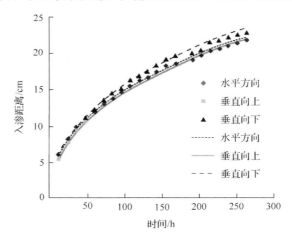

图 1.9　湿润体半径与灌水时间关系图
压力为 2m 水柱

在实际应用中，需要控制系统的供水量来控制湿润体体积，使之具有足够大的体积，保障作物主要吸水根系均包容在湿润体内，使作物受到良好灌溉。同时，也应注意控制湿润体的体积不应过大，避免土壤湿润比过高，使大于根系体积部分的水成为无效水，造成水分浪费。

但是，在某些情况下，如牧草灌溉时，由于作物均匀分布在地面，整个平面上各点都需要受到均匀灌溉，不存在垄及垄间裸地的差别。此时，可使圆柱形湿润体体积加大，多条微润管形成的湿润体在直径逐渐变大的过程中两两相交，最终相互连通，在地下形成具有一定厚度的湿润层，面积的湿润率达百分之百，使地面上所有植物都受到灌溉。在圆柱形湿润体转变为整体湿润层的过程中，土壤表面仍可保留一层干土层。因为新形成的湿润层仍属地下湿润层，干土层的存在有利于保护湿润层中的水分免遭蒸发损失，如图 1.10 所示。

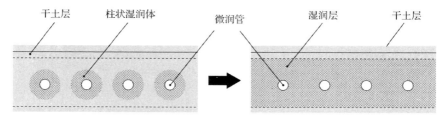

图 1.10　地下湿润层形成示意图

湿润层适用于全地面各处均需灌溉的情况，如草原灌溉、牧草种植或草坪建植。

### 1.2.3　湿润体内水分分布、渗漏损失

在微润连续灌溉条件下，作物通过从湿润体内吸收水分而受到灌溉，湿润体内水分分布与土质有关，不同质地的土壤具有不同的导水速度，土壤的导水速度直接影响湿润体内的水分状况。另外，灌溉系统的给水速度也是影响土壤水分分布的决定因素。

湿润体形成过程中，会在微润管管壁外形成一层湿润层，使该层水势升高，在高水势推动下，水分向外扩散逐渐形成具有一定半径的湿润体，这个过程使湿润体沿半径方向有一定的水势梯度，梯度的大小与土壤的导水速度及给水速度有关，分下述两种情况。

1）系统的给水速度小于土壤导水速度

微润管管壁渗出的水分经土壤传导，及时向周边扩散，在管壁附近层内不会出现水分饱和层，距管壁近的点与远的点之间虽然存在水势差，但差值较小，而且给水速度越慢，沿半径方向水势梯度越小。湿润体内水分分布总体上是近高远低，均匀程度与给水速度相关，给水速度越低，均匀程度越好。

2）系统的给水速度大于土壤导水速度

随系统给水速度提升，湿润体内沿半径方向水势梯度逐渐增大。当给水速度与土壤导水速度相当时，微润管周边土壤开始出现水分饱和层，饱和层的厚度随给水速度的增加而增加，湿润体内水分分布的均匀程度也越来越差。当给水速度大于土壤导水速度时，系统给出的水分不能及时向周边传导，在微润管下方开始出现加厚的饱和层，改变了原湿润体内水分按同心圆逐次分布的形态，使正圆柱形湿润体变形。给水速度越高，畸变形态越严重。当给水速度达到一定程度时，重力水开始出现，大量水分向下流动，渗漏到根系体积范围之外，成为无效水，如图1.11所示。因此，在微润连续灌溉过程中，要适当调整系统压力，控制给水速度，尽量保持湿润体内水分均匀分布，避免湿润体内出现饱和区和重力水，造成水分渗漏损失和灌溉品质下降。

上述讨论表明：如果对灌溉系统操控不当，微润连续灌溉系统也可能形成土壤重力水，造成水分的渗漏损失。在实际操作中，如果过分加大系统压力，微润管单位时间出水量过大，将在微润管下方形成重力水流。该水分通道一旦形成，微润管出流的水分将大部分经此通道下渗，造成水分的渗漏损失。在这种情况下，灌溉系统压力的提升既无助于湿润体直径的增大，也无助于湿润体含水量的增高，只能使土壤的渗漏损失加剧。

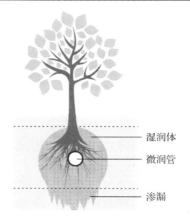

图 1.11　供水压力过大，水分渗漏损失示意图

### 1.2.4　湿润体土壤水分的蒸发损失

土壤表面的蒸发损失是农田水分的主要损失方式，灌溉水进入农田后，很大一部分在作物还没来得及吸收利用前即通过蒸发途径进入大气，成为灌溉水量中的无效水。微润连续灌溉以地下灌溉方式改变了传统灌溉方法的土壤损失行为，下面通过比较分别进行讨论。

**1. 传统灌溉方法土壤水分的蒸发损失**

传统灌溉方法是通过地面给水，使农田表面湿润，水分入渗后在土壤内形成具有一定深度的湿润层，湿润层的深度与给水量大小有关。湿润土壤表面水分蒸发曲线如图 1.12 所示。

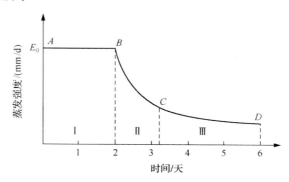

图 1.12　湿润土壤表面水分蒸发曲线

湿润土壤表面水分蒸发过程分为 3 个阶段：

1) *AB* 段，稳定蒸发阶段 (constant-rate stage)

稳定蒸发阶段也称大气蒸发力决定阶段或恒速蒸发阶段，即图中的 *AB* 段。其特点是：湿润土壤表面水分的蒸发强度 $E$ 等于自由水面的蒸发强度 $E_0$，即蒸发强度的大小与土质无关，仅取决于该气象条件下大气蒸发力的大小。

由于灌溉过后，土壤表面湿润，湿润层内水分充足，水分分布稳定后，土壤毛管内充满水分，形成一个丰满的小水柱。当开口于地表的毛管水柱一端受到蒸发时，在蒸腾力拉动下，水分沿毛管向地表快速移运，补充地表蒸发的水分。这种机制使地表始终有足够的水分，地表附近的水蒸气压力接近饱和蒸汽压，从而使湿润土壤表面的蒸发行为等同于自由水面的蒸发行为。与自由水面不同的是，自由水面的水分是由表及里逐层蒸发的，而湿润土壤表面蒸发是靠土壤深层水向土面移动来支撑的，所以，*AB* 段所消耗的不仅是表层水，还有土壤深层水。这种消耗过程可持续数小时或数天，持续时间的长短与土壤内可供消耗的水的数量有关。持续时间越长，水量消耗越大，土壤水分损失越严重。

该过程一直持续到 *B* 点，在 *B* 点之前，虽然湿润土壤表面的蒸发强度不变，一直维持在 $E_0$ 的较高水平，但是土壤内部含水量却一直在下降，如图 1.13 所示。

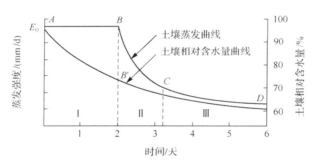

图 1.13　湿润土壤表面蒸发过程与土壤相对含水量变化曲线

当土壤含水量降至 $B'$ 时，毛管水发生断裂，稳定蒸发阶段结束。

稳定蒸发阶段是土壤水分损失最严重阶段，其特点如下：

(1) 蒸发强度高，$E_{AB} = E_0$，因此，可以在短时间内损失大量水分。

(2) 损失掉的全部是有效水。毛管断裂水量 $\theta_r$ (water content at capillary rupture) 是一个重要的土壤水分常数，是土壤中有效水和半有效水的分界点。既然稳定蒸发阶段结束时土壤含水量已降至毛管断裂水量，说明此时土壤中有效水已被全部"抽干"。尽管此时土壤中剩余的水量还不少，但水的能量低、流动性差，不足以有效支持作物正常的生理活动，水分呈半有效状态，作物开始受到旱胁迫，胁迫状态一直持续到下一次灌溉水之前。

可见，对传统灌溉而言，稳定蒸发阶段是灌溉效果最好的阶段，同时又是水分损失最严重的阶段。水分快速损失的根本原因是灌溉过程造成了土壤表面湿润。

2）BC 段，蒸发递减阶段（falling-rate stage）

湿润土壤表面蒸发过程到达 B 点后，土壤含水量已降至 70%左右，毛管水断裂，水分的流动性大幅度降低，土壤表面蒸发损失的水分无法受到下层水的及时补充。蒸发过程消耗的主要是表层土体中含有的水分，蒸发强度开始降低，土壤表面开始逐渐出现干土层。随时间推移，表层土体逐层干燥，干土层越来越厚，蒸发量越来越小。此时，土壤含水量虽然整体上仍在下降，但下降幅度降低，土壤水分损失减缓。

图 1.13 中，BC 段是土壤表面干土层形成阶段，也是土壤表面蒸发强度变化较大的阶段。当干土层增加到一定厚度，就会对下层土体水分起保护作用，使土壤含水量相对稳定，基本不再随时间的推移而下降，此时土壤表面蒸发过程进入下一个阶段。

蒸发递减阶段形成干土层的厚度与土壤的性质有关，受土壤导水速度控制。因此，蒸发递减阶段也称导水速度控制阶段。一般土壤质地越疏松，形成的平衡干土层越厚。

3）CD 段，水汽扩散阶段（vapor-diffusion stage）

此时土壤表面干土层已经形成。干土层的导水速度接近于零，土层内不存在流动的液态水。内层土壤水分不能到达地表，而是先在干土层底部蒸发，然后以水汽扩散方式穿越干土层进入大气。在此阶段，蒸发面不是地表，而是土壤内部，蒸发强度的大小主要由干土层的扩散能力控制，并取决于干土层厚度，杨德军等的研究表明[4]：

$$E_{CD} = \cfrac{1}{\cfrac{1}{\beta_0} + \cfrac{\delta}{D_v}}(P_\delta + P_0)$$

式中，$E_{CD}$ 为 CD 段的土壤蒸发强度；$\beta_0$ 为质量交换系数；$D_v$ 为水汽在干土层中的扩散系数；$P_\delta$ 为干燥区以下蒸汽区的水汽压力；$\delta$ 为干土层厚度。

在这里，干土层将蒸发体（潮湿土壤）和蒸发动力源（大气）隔离开来，将原来 AB 段土壤与大气的连通体系隔离成两个体系，使土壤水分蒸发由 AB 段的开放体系变成 CD 段的类似封闭体系。这种隔离作用，不但使层下土壤的蒸发强度降低数倍，而且使层下土壤的蒸发行为更少受到辐射、风速、温度等因素的影响，使土壤水分可以在相当长的时间内保持稳定状态。土壤水分蒸发强度曲线几乎与时间轴平行，与Ⅰ区相似。从这个角度看，Ⅲ区 CD 段是与 AB 段相似的又一个稳定蒸发段，只不过二者在蒸发机制上完全不同，蒸发强度相差很大，雷志栋等[5]根据砂壤土土柱蒸发试验得到蒸发系数 $E/E_0$ 和干土层厚度 $\delta$ 的关系，如图 1.14 所示。

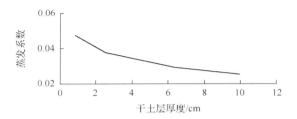

图 1.14　砂壤土土柱蒸发试验中蒸发系数与干土层厚度关系曲线

可见，当干土层厚度仅为 2cm 时，蒸发强度变得极小，蒸发系数 $E/E_0 \approx 0.04$，蒸发强度 $E$ 锐减到潮湿土面的 0.04 倍，即 $E = 0.04E_0$。干土层的存在保护了下层土壤的水分。

2. 微润连续灌溉的湿润体内土壤水分的损失

微润连续灌溉的湿润体首先是在土壤内部形成，湿润体以微润管为中心不断向周边扩大。只要仔细控制灌溉系统的给水速度和给水量，就可以控制湿润体的直径，使湿润锋不与地表面相交，湿润体不露出地面。正常进行微润连续灌溉时，湿润体上缘应距地表 2～3cm，地表保留一层干土层。地表干土层保护湿润体内的水分免受蒸发损失，同时阻隔地面日照、风速等气象因素的强烈影响，使湿润体内的水分处于相对稳定状态，在相当长的一段时间内，土壤含水量不发生波动。干土层下湿润体内相对含水量变化曲线如图 1.15 所示。

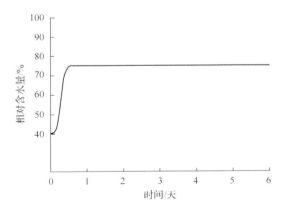

图 1.15　干土层下湿润体内相对含水量变化曲线

与图 1.13 相比，可以发现图 1.15 的形态与图 1.13 中 CD 段很相似，相对含水量曲线基本与时间轴平行，但两者也存在差异，如下所述：

(1)图 1.13 中 $CD$ 段的土壤含水量很低，是土壤水分经历了 $AB$ 段、$BC$ 段两个阶段损耗后土壤内残留的水量，而且该部分水基本属于无效水，水势很低，难以被作物吸收利用。

(2)微润连续灌溉的湿润体直接在地下形成，湿润体内含水量可调易控，可按作物在该生长阶段所需的最佳水分条件控制给水灌溉。例如，某作物在该生长阶段所需最佳土壤含水量为 80%。通过系统压力调控，使灌溉系统的给水量与作物耗水量平衡，湿润体内含水量达 80%。由于湿润体受到干土层保护，蒸发损失量很小，湿润体内含水量可较长时间稳定在 80%左右，处于土壤有效水状态，作物在这段时间内可受到良好灌溉。

总之，微润连续灌溉的湿润体是在地下直接形成的，灌溉过程中地面始终保持干燥，干燥土壤面的蒸发过程与湿润土壤面的蒸发过程有重大差异。干土层的存在消除了土壤面蒸发的三段式机制，使水从进入土壤开始就受到保护，成为土壤中的有效水。干土层的存在不仅减少了湿润体内水分的蒸发损失，同时也为湿润体内含水量的稳定性提供了保障。如上所述，干土层将湿润的土体(蒸发体)与蒸发动力源(大气)阻隔开来，使湿润体处于一个相对封闭的体系内，不受或少受外界环境如日照、风速、温度等影响，这样在调控湿润体内含水量时就减少了很多干扰因素，容易精准调控。而且一旦调控完成，它又可以保障湿润体内含水量在相当长一段时间内保持稳定。湿润体内含水量精准与稳定是连续灌溉的基本特征，也是后面一些章节将讨论的灌溉品质的时间均匀性的关键。干土层一旦消失，连续灌溉的调节与操控将会变得十分困难。

干土层的保护作用在某种程度上相当于地面覆膜。因此，采用微润地下灌溉后，地面不必铺膜覆盖，可使土壤保持更好的通气性。

需要说明的是，有时在春耕时为了播种或移栽方便，有意加大系统供水量，使湿润体上缘裸露，土壤表面出现部分湿润区域(图 1.8)。土壤表面一旦湿润，水分的蒸发机制马上发生转变，由 $CD$ 段的水汽扩散机制变为 $AB$ 段的大气蒸发力决定机制。蒸发强度 $E$ 骤然升高 10～20 倍，土壤水分开始大量损失。而这种损失一直深入地下，使地下湿润体内含水量迅速降低。为防止水分在短时间内大量损失，在播种或移栽后，对湿润土面应及时覆盖干土，同时应适当调减系统供水量，使湿润体直径收缩到地下，土壤表面出现干土层。

# 第 2 章 土 壤 和 水

微润连续灌溉属于地下灌溉，灌溉给水器微润管埋入土壤中，通过土壤与植物的根系组成一个地下的连通体系。在该体系中，微润管的半透膜与植物根部的半透膜以土壤毛管为媒介，建立起一个动态的水分关系。灌溉的自由水穿越微润管管壁半透膜进入土壤，变成土壤水，土壤水通过根系半透膜被作物吸收变成作物体内的生理水。在这里，土壤、水及植物之间有着密切的能量关系，这种关系决定着土壤水分的有效性，决定着植物对土壤水分利用的难易程度，决定着灌溉水平的高低。

## 2.1 土壤中水的存在状态

土壤是一个巨大的能量场，自由水一旦进入土壤，就像白光通过三棱镜被分成七色光一样，立刻被分成能量高低不同的各种能态，不同能态水之间的能量差可高达几个数量级。

土壤是由矿物质颗粒、有机质、微生物、水和空气组成的多孔体，多孔体内形成大量的土壤毛管，其内表面积巨大，具有较高的表面能，可吸附或吸持水，使水受到不同程度的束缚，导致水的自身能态发生变化，由自由水变成多种物理性质不同、生物功能差别巨大的土壤水[6]。

### 2.1.1 吸湿水

干土粒表面分子剩余的分子引力和静电力等将水分子牢固地吸附到土粒表面，成为紧结合水，其引力水平接近分子内共价键水平，吸力大、距离近，使水的物理性质发生很大变化。密度变为 $1.2 \sim 2.4 \text{g/cm}^3$，因而出现固态物质性质，失去流动性，不能溶解溶质。冰点为 $-7.8 \text{℃}$。紧靠土粒表面的水分子受到的引力达 $10^4$ 个大气压。当饱和水汽中吸湿达到最大吸湿量时，受到的吸力仍高达 31 个大气压，是作物根本无法利用的水。

### 2.1.2 膜状水

膜状水又称松结合水。当土壤达到最大吸湿量后，还有剩余分子引力可在吸湿水外层吸附液态水。这种被吸附的薄膜状液态水称为膜状水。

膜状水的平均密度为 $1.25 \text{g/cm}^3$，冰点为 $-4 \text{℃}$，吸力为 $6.25 \sim 31$ 个大气压[①]。

---

① $1 \text{atm} = 1.01325 \times 10^5 \text{Pa}$

当膜状水达到最大数值时，称为最大分子持水量，水分具有缓慢的流动性。此时土壤吸力约为 6.25 个大气压，高于植物的永久萎蔫系数 (permanent wilting coefficient) (15 个大气压)，部分水分可被吸收利用。膜状水是植物可用水的下限。

### 2.1.3　毛管水

土壤颗粒堆积时，颗粒间形成孔隙，孔隙相互连通，形成立体的、网状的"管"形空间，其中直径为 0.001～1mm 的管具有毛细管性能，称为土壤毛管。进入土壤毛管的水称为毛管水。

毛管水吸力为 6.25～0.1 个大气压，毛管水受"管壁"土壤颗粒的吸持及水、土界面表面张力的作用，克服了重力作用的影响，可较稳定地存留于毛管中。同时，由于受到的吸力较小，吸力范围在植物根系吸水力范围(<15 个大气压)之内，水分的流动性较好，移动速度为 10～300mm/h，在土壤中可以迅速地向各个方向移动。它既可长时间被土壤吸持，使土壤保有一定的含水量，又可因根的吸收定向往根部移动，补足根部消耗的土壤水分。因此，它是土壤中植物可吸收利用的最有效、最适应的水分，易于被植物吸收利用。

在土壤水分不断被植物吸收利用或蒸发消耗过程中，毛管水的能量也随之不断变动。当土壤中毛管全部被水充满时，是土壤有效水含量的最高状态。此时的土壤含水量称田间持水量，土壤水势处于有效水的最高状态，约–0.1 个大气压。此时，土壤向植物提供的全部是有效水，而且是速效水。

随着毛管水消耗，土壤含水量降低，土壤水势逐渐降低。一般认为当土壤含水量降至田间持水量的 70%左右时，土壤毛管水发生断裂，水柱在毛管内断裂成段，段与段之间夹有空气，使水分流动性降低，有效性下降。毛管水由速效水变为迟效水，或由有效水变为半有效水。此时的土壤含水量称为毛管断裂水量。在该含水量下，土壤水势较低，植物吸水开始变得困难。受水分影响，植物叶水势降低、光合速率降低、物质输送代谢过程放缓，甚至出现临时性萎蔫，所以，土壤的毛管断裂水量有时被称为临时萎蔫系数，也称植物生长阻滞湿度。它是作物开始经受干旱的起点。从植物需求角度考虑，此时应立即进行灌溉，推迟灌溉一天，植物生长受阻滞的情况便会延长一天。

此后，土壤中残存的水能量更低，基本属于迟效水和半有效水，植物吸收非常困难，往往要以消耗部分能量为代价。这种不良状态一直持续到土壤湿度达到萎蔫系数 $\theta_w$ (wilting coefficient)，土壤水势降至–15 个大气压，毛管内仅剩少量膜状水，植物已完全不能吸收。

### 2.1.4　重力水

在水饱和土壤中，水受重力作用沿非毛管孔隙快速下渗的水称重力水。重力水受吸力为零,是土壤水分中水势最高的水,能量状态与自由水相当,虽然能被植物吸收,但因下渗速度过快,植物利用量很小,而且,当土壤中水分处于饱和状态时,土壤内空气被排尽,根呼吸受阻、吸水能力下降。因此,该部分水属于无效水。

总之,当水分进入土壤后,在土壤能量场的作用下,水分的存在状态发生了变化,能量状态也随之发生了分化,一部分变成作物可利用的有效水;另一部分变成作物难以利用的迟效水;剩余部分则完全不可利用,变成无效水,甚至有害水。灌溉的目的是使作物随时有水可用,但是,灌溉水进入农田后是否可用,可用多少,利用效率如何等一系列问题,均与土壤中水分的能量状态有关。

## 2.2  土壤水分有效性分区

依据土壤水分含量或能量状态,可将土壤水分按有效性划分成 4 个区域,如图 2.1 所示[6,7]。

4 个区域以 3 个水分常数为界线:第一条是田间持水量($\theta_f$)线,当土壤含水量点处于该线上时,土壤中毛管全部充满水,土壤处于稳定含水的最大水量状态,是土壤有效水的上限,此时土壤含水量为 100%;第二条线是毛管断裂水量($\theta_r$)线,当土壤含水量降至 D 点时,土壤毛管水发生断裂,水在毛管内运动阻力增加,运移速度下降,植物吸水开始出现困难,该线是土壤有效水的下限;第三条线是萎蔫系数($\theta_w$)线。上述 3 条线将土壤水分有效性分为 4 个区域,在此分别称Ⅰ、Ⅱ、Ⅲ、Ⅳ区。图 2.1 是以一个 5 天为灌水周期的实例分析土壤水的有效性情况。图 2.1 中除按传统的形态学分类方式对土壤水的有效性进行说明外,还按能量动力学观点,搜集相关数据,列入右侧表中进行分类说明。下面按 4 个区域分别进行讨论。

### 2.2.1  Ⅰ区,高能无效水区(涝胁迫区)

从 A 点开始灌溉后,土壤含水量迅速上升,达到峰值 B 点后,在蒸发蒸腾作用下,土壤含水量逐渐下降,直至降到 C 点。

在 BC 这段时间内,土壤相对含水量曲线一直在Ⅰ区内运行。Ⅰ区为土壤水饱和区,水分占据土壤内孔隙。土壤内所含空气被水驱除殆尽。此时,尽管水势很高、水量充足,但是因没有空气,根的有氧呼吸停止,植物的代谢活动依靠无氧呼吸维持。无氧呼吸不仅消耗已积累的干物质,而且提供的能量有限,使植物的生理活动放缓,光合作用、物质传输、物质合成等受阻,甚至吸水能力也大幅度降低,此时植物受到涝胁迫。受到涝胁迫的植物在外观形态上表现的与植物受旱时非常相似。造成涝胁迫的直接原因是水,但实际原因是空气。涝胁迫的本质是呼吸胁迫。

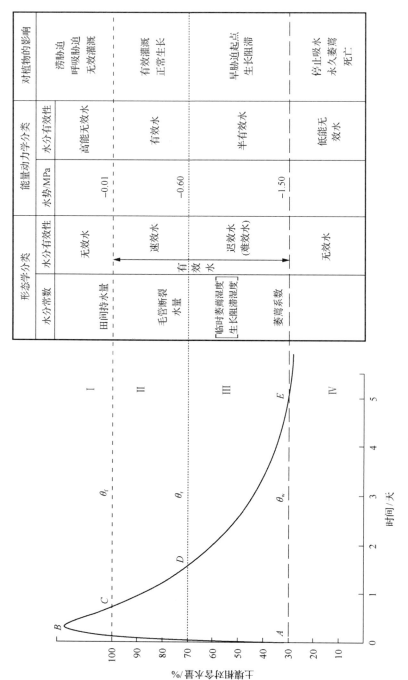

图2.1　间歇式灌溉土壤相对含水量曲线

一次灌水量越大，BC 段延续的时间越久，作物窒息的时间越长，对作物的伤害越严重，甚至可能造成烂根或死亡。所以，当土壤含水量处于 Ⅰ 区时，土壤水分不能被作物有效利用，属于无效水。尽管此时土壤水处于能量最高状态，但作物还是无法吸收，不能利用，因此，Ⅰ 区属于高能无效水区。从时间角度分析，在 B 到 C 这段灌溉时间内，作物不能正常生长发育，属无效灌溉时间。在制定灌溉制度时，应尽量避免过量灌水，尽量减少 BC 段的时间长度。

### 2.2.2　Ⅱ区，有效水区（正常生长区）

随土壤水分的消耗，土壤含水量逐渐降至 C 点，达到 $\theta_f$ 水平，同时，随土壤含水量降低，土壤含气量等比上升，根呼吸环境转佳，土壤环境进入水气均衡状态。$\theta_f$ 的土壤水势约为-0.01MPa，接近自由水，处于最易于被作物吸收的高水势状态，CD 时段的水分状态是本灌溉周期中最适宜的区域，全部水分均为速效水，作物吸水容易，呼吸通畅。CD 时段也是作物生长发育最顺利、受环境胁迫最小的时段。所以，在一个灌溉周期中，应尽量追求 CD 时段的最大化。土壤相对含水量曲线的 CD 时段越长，植物受速效水灌溉的时间越长，对植物生长发育越有利。因此，CD 时段的长短可以作为灌溉制度设计优劣的一种标志，也可作为衡量灌溉品质的一个判据，高品质的灌溉应使土壤相对含水量曲线尽可能长时间在Ⅱ区运行。

### 2.2.3　Ⅲ区，半有效水区（旱胁迫区）

当土壤相对含水量曲线运行至 D 点后，土壤含水量达到 $\theta_r$ 状态。土壤水分经 BD 时段的消耗，已降至较低水平，据估算，此时土壤水势降至-0.60MPa 以下[2]，毛管水柱发生断裂，由连续水柱变为不连续水，土壤水分在土壤中呈点状离散分布，流动性降低，移动速度由毛管断裂前的 10～300mm/h 降至 2～10mm/h，植物消耗的水分不能得到及时补充，使植物吸水困难。所以按形态学分类，该区域的水称为迟效水。造成植物吸水困难的另一个原因是土壤水势低。一般认为，毛管断裂水量为田间持水量的 70%，即 $\theta_r=70\%\theta_f$。毛管水断裂点是土壤由稳定蒸发阶段向蒸发递减阶段转变的转折点，也是土壤水分特征曲线的拐点。越过此点后，土壤含水量微量地减少将引起土壤水势的急剧降低。实际上，当土壤含水量从 C 点降至 D 点时，土壤水势从-0.01MPa 降至-0.60MPa，而该过程中土壤含水量从 $100\%\theta_f$ 降低至 $70\%\theta_f$，土壤含水量减少了 $30\%\theta_f$，一般认为萎蔫系数的土壤含水量约为田间持水量的 40%，即 $\theta_w=40\%\theta_f$，所以，从 D 点到 E 点土壤含水量也是减少了 $30\%\theta_f$，但土壤水势却从-0.60MPa 降至-1.50MPa，降幅特别大，土壤水的能量变得很低。随土壤水势越来越低，植物吸水越来越困难，迫使植物的生理活动越来越不正常，以至于最终完全停止。

在一个灌溉周期中，$\theta_r$ 是植物受到干旱的起点及生理活动受到干扰的起点。同时，也是土壤水从有效水向无效水转变的起点。从 $D$ 点开始，土壤水分的有效性开始降低，其后随能量降低，水的有效性越来越低，当低至 $E$ 点时，则完全变成无效水。因此，第Ⅲ区范围内的土壤水，已不是真正意义上的有效水，它对于维持作物的生存是有效的，但对于维持作物的正常生长却不是有效的(生长阻滞)。我们将这种既有效又不是真正有效的水称为半有效水。我们认为，用"半有效水"的概念来描述第Ⅲ区内水分的有效性比用"迟效水""难效水"等更能反映这部分水的有效性本质。

土壤水分有效性的判断，对指导灌溉实践、正确地制定灌溉方案有重要的意义。但是，土壤水处于复杂的土壤结构和能量环境中，物理性质与自由水出现明显差异，因此，对其有效性的研究经历了一个较长的认识过程，出现过不同的学说和分类方法。主要学说有等效学说和非等效学说。

等效学说认为土壤水分有效性的上限是 $\theta_f$，下限是 $\theta_w$，在上下限范围内，土壤水分的有效性是相等的。因此，该上、下限可作为灌水量和灌水时间的判据。按等效学说将灌溉时间一直拖延到土壤含水量达 $\theta_w$ 时再进行下一次灌溉，其效果和与同一时间长度内进行多次灌溉的效果是一样的。

非等效学说认定的土壤水有效性范围与等效学说相同。但是认为在 $\theta_f$ 与 $\theta_w$ 之间还有一个节点，即毛管断裂水量 $\theta_r$ 或称临时萎蔫系数。$\theta_r$ 将有效水分成两部分：土壤含水量高于 $\theta_r$ 的部分称速效水，低于 $\theta_r$ 的部分称为迟效水或难效水。这种分类和命名方法的依据仍是水的数量而非能量，仍属形态学分类。如果从能量动力学角度考量水分的有效性，将土壤含水量在 $\theta_r$ 以下、能量较低的水称为半有效水似乎更合理。因此，水的有效性不是"速""迟"的问题，而是有、无或多少的问题。"半有效水"概念，可清楚地携带"水有效性下降"的信息，提醒灌溉者尽量避免长时间用"半有效水"灌溉。所以，我们主张灌溉的下限应是 $\theta_r$，当土壤含水量降至 $\theta_f$ 的 70%、达到 $\theta_r$ 时就应进行下一次灌溉，以保证作物生长的正常水环境，避免"半有效水"环境的出现，避免水分逆境对作物生长的阻滞。

在灌溉制度设计和灌溉管理上应尽量避免土壤水分进入Ⅲ区状态或尽量减少土壤相对含水量曲线的 $DE$ 时段长度，减少低效率灌溉状态的延续时间及作物在受阻滞状态的生长时间。$DE$ 时段越短，灌溉过程的品质越高。

## 2.2.4　Ⅳ区，低能无效水区(生命禁区)

当土壤含水量降至 $E$ 点，土壤含水量达到 $\theta_w$，土壤水势降至$-1.50$MPa 以下，低于根吸水力，此时，作物不但无法吸收利用土壤中的水分，甚至可能发生倒吸失水。植物的生理活动被阻断，生理功能发生不可逆性破坏，致使作物萎蔫死亡。

此时，土壤中的水全部为无效水。虽然不同土质无效水含量有较大差异，但一般认为这部分水量约为 $\theta_f$ 的三分之一左右。如果将 $\theta_f$ 定义为 100%含水量，Ⅳ区的最高含水量为 $30\%\theta_f$。

综上所述，在按水分的有效性将土壤划分成 4 个区域后，真正有效灌溉使作物无障碍正常生长的只有Ⅱ区一个区域。其他区域都不同程度地对作物生长造成阻滞或胁迫。如果按常规方法，简单地将土壤水分有效性的上限定为 $\theta_f$，下限定为 $\theta_w$，那么每次灌溉土壤水都将经历一次 4 个区域历程，都将对作物造成一次旱、涝交替胁迫，如图 2.2 所示。

图 2.2　间歇式灌溉旱涝胁迫循环示意图

很明显，上述灌溉历程将一个灌溉周期中大量的时间白白浪费，在实际生产过程中这种浪费往往很难被觉察，但它对作物的生长过程造成很大的影响。为提高灌溉质量，使土壤含水量更长时间地处于有效灌溉状态，通常通过改进灌溉制度来进行优化，其中，提高灌溉频率是一种有效的优化手段。

## 2.3　间歇式灌溉土壤水分有效性优化

在灌溉总用水量不变的前提下，可以通过提高灌溉频率、降低每次灌水量、进行少量多次灌溉方法使灌溉品质得到优化。

假如某灌溉过程的周期为 $n$ 天，灌溉频率 $F$ 为每 $n$ 天一次，$F=1/n$(次/天)，

每次的灌水量为 $V$，假设：原灌溉制度中 $n_1 = 5$ 天，$F_1 = \dfrac{1}{5}$，$V_1 = V$，那么，变化如下所述。

(1) 如果将灌水频率提高 1 倍，提升到每 5 天灌溉两次，$F_2 = 2 F_1 = 2 \times \dfrac{1}{5}$，则 $n_2 = \dfrac{n_1}{2} = \dfrac{5}{2}$ 天，$V_2 = \dfrac{V_1}{2} = \dfrac{V}{2}$。据此，灌溉频率虽提升了 1 倍，但灌水总量保持不变，土壤相对含水量曲线如图 2.3 所示。

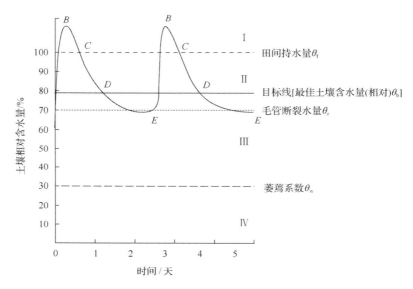

图 2.3 灌水频率提升 1 倍的土壤相对含水量曲线

由图 2.3 可见，灌溉频率提高后，由于每次灌水量变小，灌水后曲线峰值下降、谷值上升，在 I 区（涝胁迫）及 III 区（旱胁迫）停留时间变短，在 II 区停留的时间增多，灌水的有效性有所提升。

(2) 如将灌水频率提升到 5 倍，提升到每天 1 次，$F_3 = 5 F_1$，则 $n_3 = \dfrac{n_1}{5}$，$V_3 = \dfrac{V_1}{5}$，那么土壤相对含水量曲线的形态将进一步优化，如图 2.4 所示。

由图 2.4 可见，此时，土壤相对含水量曲线基本落入 II 区范围之内，土壤水基本为有效水，灌溉过程的旱、涝交替胁迫消失，灌溉品质进一步优化。

(3) 进一步，若将灌水频率提升到 $120 F_1$，即 5 天之内每小时灌水一次，每次灌水量为 $\dfrac{V_1}{120}$，这种少量多次的灌水可使土壤含水量波动减小，波峰波谷间距离变小，完全避开了旱、涝交替胁迫，更贴近于某一特定的湿度，如目标线。这里所说的目标线是指: 在该特定的环境条件下能使作物对水气要求同时得到满足的土壤湿度。该湿度是每次灌溉要求的目标,是土壤的最佳含水状态。如图 2.5 所示。

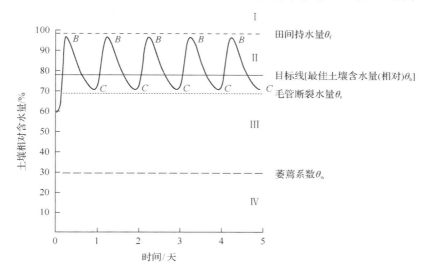

图 2.4 灌水频率提升到 5 倍的土壤相对含水量曲线

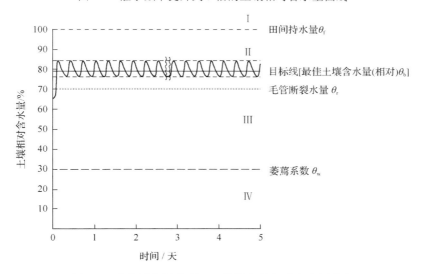

图 2.5 灌水频率提升到 120 倍的土壤相对含水量曲线

通过上述讨论可见: 随灌溉频率由 $F_1$ 逐步提升到 $2F_1$、$5F_1$、$120F_1$,土壤相对含水量曲线的形态越来越好,土壤水分的有效性也越来越优化。而且,灌溉频率越高,优化状况越良好。从频率升高过程土壤相对含水量曲线的变化趋势可明显看出,若以最佳土壤含水量 $\theta_b$ 为灌溉目标,用提高灌溉频率的方法使土壤相对含水量曲线靠近目标线 $\theta_b$，频率越高，曲线峰值和谷值越小，越靠近目标线。当灌溉频率逐渐趋向于无限大时，曲线的峰值将无限靠近目标线 $\theta_b$，最终，土壤相对含水量曲线将变成一条平滑无波动的、与时间轴平行的直线（图 2.6），该直线与理想灌溉的目标线 $\theta_b$ 重合，是土壤相对含水量曲线优化的最佳状况。该曲线的形状与第 3 章将讨论的连续灌溉土壤相对含水量特征曲线形状完全一致。这种一致并非偶然的巧合，说明当灌溉频率趋于无限大时，间歇式灌溉变成了连续灌溉。连续灌溉是以极限形式优化了的间歇式灌溉，所以，二者的土壤相对含水量曲线形态必然相同。连续灌溉的土壤相对含水量特征曲线不但与图 2.6 的形态相同，内含和意义也相同。这一点，也从另一个角度证明连续灌溉的土壤相对含水量特征曲线是一条优化之后的间歇式灌溉的土壤相对含水量曲线。

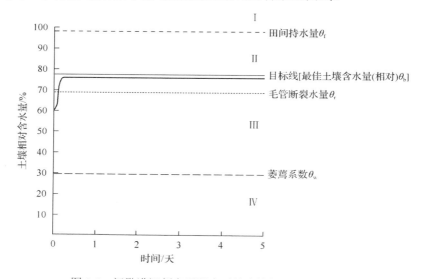

图 2.6 间歇灌溉频率无限大时的土壤相对含水量曲线

# 第3章 连续灌溉

农业灌溉的目的是为作物提供充足的水分，保障作物正常生长发育，促进丰产丰收。为达到这个目的，恰当的灌溉水量、灌溉时间、灌溉频率是至关重要的，同样，恰当的灌溉方法也是非常重要的。本章重点讨论一种灌溉新方法——微润连续灌溉。

## 3.1 微润连续灌溉的技术要点

微润连续灌溉是指用微量水以 24h 不停的给水方式将水分从地下直接送达植物根部的一种新型的灌溉方法。若实现连续灌溉，灌溉系统必须满足下述 4 项基本技术要求。

1）以稳定速度向土壤供应微量水

作物单位时间内的吸水量是有限的，其数量一般以每小时消耗多少毫升计算。灌溉系统必须保持向作物的供水量与作物的吸水量处于同一数量级且精准可调，使灌溉系统的供水与作物的耗水处于平衡状态。以保证在连续不停供水过程中，作物根系周围不会发生水分逐渐积累且越积越多或水分逐渐亏缺且越亏越少的情况。

所以，灌溉系统保持稳定速度向土壤供应微量水是实现连续灌溉的第一技术要求。

2）连续供水

植物的吸水过程是 24h 不停的连续过程，虽然昼夜之间的吸水量有差异，不同生长期的吸水量变化也很大，但是却从不停止。灌溉系统以 24h 不停供水的方式模拟植物的吸水过程，为微量供水与微量吸水之间的动态平衡提供时间保障。

为保持 24h 不停供水，灌溉系统的运行必须是非电力驱动的。否则连续的电力消耗将使连续灌溉失去经济合理性。

3）地下供水

连续灌溉是一种保持水分供给量与消耗量平衡的灌溉方式。这种动态平衡状态受到的外界扰动越少，平衡过程越稳定持久。如果供水过程是稳定的，而消耗过程是剧烈变动的，这种平衡将难以建立。

如前所述，地下灌溉是先从土壤内部湿润，湿润体上部始终存在 2～3cm 的干土层，干土层导水率接近于零，截断了湿润体与大气连通的水流通道，将湿润体与大气隔离开。这种隔离对湿润体起到了保护作用，使湿润体成为一个与环境不直接连通的相对封闭的体系。辐照强度、风速、湿度等环境扰动因素被弱化，使湿润体内的水分处于较稳定状态，为建立供水与消耗之间的平衡创造了基本条件。连续灌溉需要这种条件，所以，连续灌溉应是一种地下灌溉。

4) 供水量精准可调

连续灌溉系统是一个单变量控制系统，唯一的系统控制参数就是压力。通过调节压力，控制系统单位时间的出水量，达到控制土壤湿度的目的。

压力是一个连续变量，可以任意取值，从而使系统的出水量成为在一定范围内可以任意取值的连续变量。这一特点使得系统的供水量精准可调，可以在不同的水平上建立起系统供水与作物耗水之间的动态平衡关系。

## 3.2  连续灌溉的土壤水分

在连续灌溉条件下，给水过程是按时间程序不停进行的缓慢过程，单位时间给水量很小，给水过程伴随着作物耗水过程，二者同时发生，同时进行，使得土壤水量收入与支出呈动态过程。给水过程与耗水过程相互消长，最终达到动态平衡。土壤含水量的高低、湿润体形状的大小均与这种平衡的结果有关。

### 3.2.1  连续灌溉的土壤含水量控制

为建立农田水分的动态平衡，需对系统压力进行仔细调节，结合土壤含水量测试，确定初始平衡灌溉压力 $P_b$ 和初始平衡湿度 $\theta_b$，过程大体如下：

1) 确定初始湿润体半径

开始灌溉时，土壤很干燥，可使系统保持较高的工作压力，如 $P_0 = 2.00m$ 水柱进行灌溉，$P_0$ 称为初始工作压力。灌溉过程中随时检测土壤湿度和湿润体半径。随灌溉时间的推移，土壤湿度不断上升，湿润体半径也不断变大，直至湿润体半径达到预定半径，湿润体体积与作物根体积相当时，停止高压灌溉，开始寻求并确定初始平衡灌溉压力。一般情况下，$P_b < P_0$。

2) 确定初始平衡灌溉压力

经第一步的操作，土壤湿润体体积已达到适宜大小，若继续保持 $P_0 = 2.00m$ 水柱的高压，将使湿润体体积越来越大，以至超过根区范围，造成水分浪费，也会使土壤湿度继续上升，脱离最佳状态。

为了进行平衡灌溉，需要找到一确定的压力，在该压力下系统的出水量刚好补足农田水分的消耗量，使农田水分不盈不亏，土壤湿度不升不降，湿润体半径不伸不缩，该压力称为初始平衡灌溉压力。初始平衡灌溉压力是连续灌溉系统中第一个重要的技术参数，掌握初始平衡灌溉压力是正确操控与使用连续灌溉系统的起点，须结合土壤湿度检测对系统压力进行反复调试才能确定：

首先，将系统的工作压力降至较低水平 $P_1$，使 $P_1 < P_0$，如 $P_1$ = 1.20m 水柱。保持压力 $P_1$ 进行灌溉，并定时定点检测土壤湿度。如果发现随时间推移，土壤湿度 $\theta_1$ 不断下降，说明土壤水分处于消耗状态，作物的吸收、蒸腾、蒸发量大于灌溉系统的供应量，是农田水分经历逐渐变干的过程，$\theta_1$ 变得越来越小。这是系统的工作压力 $P_1$ 过低、系统供水不足引起的，是一种非平衡状态，如果这种状态维持的时间较长，不仅土壤湿度不能保持，湿润体半径也将发生收缩。因此，需要将系统的工作压力升高。

其次，将系统的工作压力调至 $P_2$，使 $P_1 < P_2 < P_0$，如 $P_2$=1.80m 水柱。保持压力 $P_2$ 灌溉一段时间，并定时定点检测土壤湿度。如果发现随时间推移土壤湿度 $\theta_2$ 呈不断升高趋势，说明土壤内发生了水分积累，灌溉系统供出的水分不能及时被消耗。这是 $P_2$ 过高，系统出水量过大引起的，如图 3.1 所示。

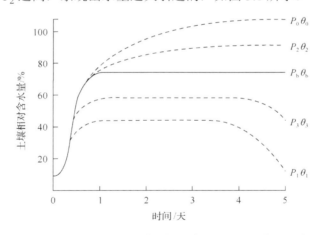

图 3.1　不同压力下连续灌溉的土壤相对含水量特征曲线

按上述方法在 $P_1$ 与 $P_2$ 之间选择出 $P_3$、$P_4$、…，最终总能选择到某一确定压力值 $P_b$，当保持 $P_b$ 压力进行灌溉时，土壤含水量可稳定在 $\theta_b$ 水平，说明在 $P_b$ 压力下，灌溉系统的给水量刚好补充当时农田水分的消耗量，土壤水分收支达到了平衡状态，这种平衡随时间延续而动态地保持着，使得土壤含水量可以较长时间稳定地处于 $\theta_b$ 的最佳状态，从而使连续灌溉的土壤相对含水量特征曲线呈一条与时间轴平行、很少波动的平滑直线，如图 3.1 所示。此时的灌溉压力 $P_b$ 称为初始平衡灌溉压力，土壤湿度 $\theta_b$ 称为初始平衡湿度，灌溉过程称为连续灌溉的平衡灌溉过程。由该过程形成的土壤相对含水量特征曲线称为连续灌溉的土壤相对含水量特征曲线。

如上所述，初始平衡灌溉压力的获取是一个较复杂的过程。该过程实质上也是连续灌溉最佳初始条件的获取过程。获取 $P_b$ 值是全生长期平衡灌溉的基础。该数据获取后，后续的灌溉控制就十分简单，只需依据作物不断长大和气温逐渐升高的实际情况，按时微量调升系统压力，即可以实现作物全生长期的平衡灌溉。

上述的平衡灌溉是从优化初始条件开始的灌溉过程。一般情况下，植物的最大耗水量应出现在植物代谢活动最旺盛的时期。如果将能满足作物最大耗水量需求的土壤湿度称为最高需求湿度 $\theta_{max}$，那么当土壤处于 $\theta_{max}$ 时，满足了作物对水量的最高要求，应是作物生长最旺盛的状态。因此，在上述确定初始平衡灌溉压力过程中，自然生成的 $\theta_b$ 实际上就是 $\theta_{max}$。$\theta_b$ 的数值大小受到物种、生长期、土壤环境等诸多因素的影响，但在多数情况下，$\theta_b$ 的具体数值并不重要，重要的是 $\theta_b$ 所界定的土壤水环境状态，它有以下两层含义：

（1）$\theta_b$ 是使作物最大需水量得到满足的土壤湿度，不足或超过该湿度，作物就会受到水分或呼吸胁迫，$\theta_b$ 状态是作物生长不受胁迫、不受阻滞的状态，因此，是最佳土壤水分状态。

（2）$\theta_b$ 是一个平衡状态，是在确定 $P_b$ 过程中自动生成的状态，具有一定的稳定性。在一段时间内只要 $P_b$ 保持不变，$\theta_b$ 即可稳定地保持在同一水平。这意味着土壤的最佳水分状态是可持续延长的。这是连续灌溉最重要的技术特征，也是连续灌溉较间歇式灌溉的根本性技术差异。

### 3.2.2　平衡灌溉的节水功能

平衡灌溉是满足作物最大需水量要求的充分灌溉。这种灌溉状态对作物生长很有利，但是，会不会造成水分浪费，会不会由于作物的"奢侈耗水"而使水分有效利用率低下是节水灌溉所关心的主要问题。

作物的田间耗水量 ET 基本由两个部分构成，一部分是作物的蒸腾消耗 $T$，另一部分是棵间的蒸发强度 $E$，二者之和为 ET，即 ET=$E$+$T$。其中，$E$ 受气候等环境因素的影响很大，也与地表干湿、地面湿润比、作物的生长期、郁闭度等有关，因此变数很大。有时 $E$ 在 ET 中占比仅百分之十几，有时则可高达 70%～80%。一般情况下，按平均统计，$E$ 在 ET 中的占比不会低于 30%。这部分水为非生物利用水，对作物的生长发育无任何帮助。

微润连续灌溉是一种地下连续灌溉方式，当灌溉系统在初始平衡灌溉压力下运行时，湿润体上缘不会露出地面，地面整体保持干燥状态。湿润体上部 2～3cm 的干土层改变了棵间裸地的蒸发行为。干土层内土壤的导水率接近于零，湿润体内的水以传导的方式到达干土层下部，在干土层下表面汽化，然后以水汽扩散的方式穿过干土层，进入大气。此时，蒸发面不是在地表，而是在土壤内部。$E$ 的大小主要由干土层的水汽扩散能力控制，蒸发速度缓慢、蒸发量很小，使得其在 ET 中的占比变成一个极小的值(图 1.14)。如果忽略此极小值，则可近似认为 ET$\approx T$。这意味着，在平衡灌溉条件下，农田水分消耗的主体是作物，进入农田的所有灌溉水分几乎均被作物吸收利用，然后经过生物蒸腾途径进入大气，水分利用率很高，而非生物利用部分的损失很小。所谓节水灌溉，节水的前提是不对作物的正常生长造成影响，不能因节水造成经济产出量下降，因此，节水的重点应是减少农田水分的非生物利用部分。实际上该部分在农田水分损耗中占有的比例往往很大，是农业节水中最具潜力的部分。近年来，大量的统计结果表明：连续灌溉以地下无明水方式进行灌溉，解决了滴灌时明水湿润地表导致的水分高速蒸发问题，从而节约了大量非生物利用水。这也是在很多情况下微润连续灌溉比滴灌节水的重要原因。

### 3.2.3　平衡灌溉的增产功能

彭世彰和徐俊增[8]在研究单位面积产量及单位水量产量关系的基础上，对如图 3.2 所示的水分生产函数特征曲线进行了讨论。

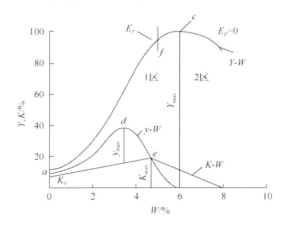

图 3.2　水分生产函数特征曲线图

图 3.2 中，$Y$-$W$ 线为单位面积产量曲线，即产量与水量关系曲线；$K$-$W$ 线为单位水产量曲线，$K=Y/W$，其中 $Y$ 为作物产量，$W$ 为耗水量；$y$-$W$ 线为边际产量曲线，$y=\mathrm{d}Y/\mathrm{d}W$，指水量变动引起的产量变动率，是水分生产函数的一阶导数，$d$ 点时，水量变动引起的产量变化最大。$c$ 点为充分灌溉点，$c$ 点的产量代表充分灌溉时作物的最大产量 $Y_{max}$，$c$ 点将图形分为两个区域：1 区为非充分灌溉区，为递增函数，水分为限制因素，水分投入的增加使产量增加；2 区为过量灌溉区，为递

减函数，水分为非限制因素，水量的增加不仅造成水分的浪费，同时会使作物减产；$c$ 点是极值点，它所对应的是既充分灌溉又不过量灌溉的情况，即土壤含水量不盈不亏的情况。此时 $dY/dW=0$，表现为对产量而言的水量的最佳边界点。

当作物受到充分灌溉，最大需水量得到满足时，作物产量处于生产函数特征曲线的 $c$ 点，达到最大值 $Y_{max}$。因此，作物最大需水量是农业生产中的重要技术参数。但是该参数的具体量值既与作物种类有关，又与作物的生长期有关，同时又与土壤、气候环境条件有关，是一个随时变动的复杂函数的因变量，很难用一个简单公式表达或用几个数字概括。在间歇式灌溉的技术条件下，也很难通过实验方法直接测定，而只能是大量实验数据的统计结果，很显然这样的数据属于"历史数据"，在时间上属于"过去完成时"，对现实生产只具有一定的参考价值。然而，在连续灌溉条件下，在寻求初始平衡灌溉压力 $P_b$ 的过程中得到的初始平衡湿度 $\theta_b$ 就是能使作物及时满足最大需水量的土壤湿度，或者说，在初始平衡灌溉压力 $P_b$ 下，连续灌溉系统供出的水量可恰当地满足作物最大需水量要求，使作物状态处于图 3.2 中的 $c$ 点，即最大产量 $Y_{max}$ 状态。若生产过程中始终坚持以初始平衡灌溉压力 $P_b$ 进行灌溉，将使该生产的全过程一直处于最大产量状态。可见，当灌溉方法由间歇式转换为连续式后，灌溉在品质上出现革命性变化，连续灌溉可以为作物最大生产潜能的发挥提供较好的水分条件。

我们注意到 $c$ 点所对应的作物的最大产量点并不是水分生产效率的最高点。在图 3.2 中，水分生产效率的最高点出现于 $K\text{-}W$ 线的峰值处 $e$ 点，$e$ 点是单位水量消耗的产量回报最佳点，它对应的是 $Y\text{-}W$ 曲线中的 $f$ 点。$f$ 点与 $c$ 点的偏离，反映了从 $f$ 点开始，产量增加的幅度小于水量增加的幅度，水量增加的回报率开始下降。从 $f$ 点到 $c$ 点的过程是一个"报酬递减"过程。如果单纯从水量回报角度考量，似乎灌溉用水量的最佳状态应该控制在 $f$ 点而不是 $c$ 点。

但是农业产量的形成是多因素共同作用的结果。生产函数是一个多变量函数，其中包括种子、化肥、耕地、人力、时间等因素的投入，水分投入仅是其中之一。在水分报酬递减阶段，其他因素的回报并没有递减。如果仅为了节水，将产量控制在 $f$ 点，$f$ 点与 $c$ 点的产量差异将造成种子、肥料、耕地等因素的浪费，使生产过程的经济性整体下降。因此，$c$ 点应是灌溉最佳方案的追求点。平衡灌溉一直保持对作物进行充分灌溉，使作物的水分状况达到 $c$ 点且不越过 $c$ 点。尽管灌溉全过程中偏离了最高水分利用率，但在作物产量或最终经济效益上达到了最高点。

因此，尽管 $c$ 点与 $f$ 点偏离，但对于正常农业生产而言，灌溉设计的目标点应是 $c$ 点。只有在某些水资源极端短缺的区域，水资源量成为农业生产的第一限制因子的情况下，才可考虑用 $f$ 点替代 $c$ 点，放弃部分单位面积产量以换取最高的水分生产效率。

### 3.2.4 灌溉品质的时间均匀性

灌溉品质的时间均匀性是在连续灌溉条件下产生的一个新概念，是一个从时间维度对某灌溉过程的品质及有效性进行的考量。对于一个周期为 $n$ 天的灌溉过程，如果每一天甚至每一小时，灌溉质量都是相同的且前后均匀一致，说明该灌溉过程具有灌溉品质的时间均匀性。从连续灌溉的土壤相对含水量特征曲线可明显看出这一特点。

由于该曲线是一条与时间轴几乎平行的直线，如果优化灌溉的土壤湿度 $\theta_i$ 一旦确定，那么 $n$ 天的灌溉过程均将保持优化了的 $\theta_i$ 水平稳定进行。第 $n$ 天与第 $(n-1)$ 天一样，第 $(n-1)$ 天与第 $(n-2)$ 天一样，整个过程灌溉品质都是一致的，任何单位时间都是同等有效的。作为对比，间歇式灌溉的土壤相对含水量曲线则完全不同，如果将 3 个水分常数线与土壤相对含水量曲线的交点 $C$、$D$、$E$ 3 个点投影到时间轴上，$B$ 点也做相似的投影则得到 $B'$、$C'$、$D'$、$E'$ 4 个点，将灌溉周期分割成 4 个阶段，如图 3.3 所示。

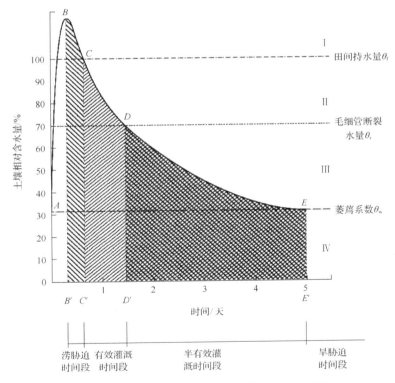

图 3.3 间歇灌溉不同时间段的灌溉品质示意图

其中，$B'C'$ 段对应的是涝胁迫时间段，$C'D'$ 段对应的是有效灌溉时间段，$D'E'$

段对应的是半有效灌溉时间段，$E'$点之后对应的是旱胁迫时间段。可见，在同一个灌溉周期中，不同时间段具有不同的灌溉效果，胁迫期与有效期交替出现，任一单位时间的灌溉效果与另一单位时间的灌溉效果都不相同，因此，间歇式灌溉是不具备灌溉品质的时间均匀性的。

通常我们所说的灌溉均匀度，确切地说是指灌溉品质空间维度的均匀性。但对作物而言，灌溉品质时间维度的均匀性是同样重要的。灌溉品质的时间均匀性为作物提供了前后一致、均衡有效的灌溉，使作物等效地利用灌溉周期中的每一天甚至每一时刻，避免了灌溉过程中无效时段、低效时段甚至胁迫时段的出现，使每一时刻都呈现出更大的效率和更高的品质。

作物的生命过程实质上是一个时间过程，时间投入是农业生产诸多投入因素中最大的投入因素，能否高效利用作物生命过程中的每一时间，对农业生产的结果具有决定性影响。因此，灌溉品质的时间均匀性是连续灌溉最重要的技术特性之一，它为灌溉品质的提升提供了一个新的维度，为充分发挥作物的生产潜力提供了一条新的途径。但是，由于灌溉品质的时间均匀性概念提出的时间较短，对它的探讨研究还很肤浅，尚未找到准确的数学表达方式，有许多问题有待进行深入研究和进一步解决。

# 第4章 连续灌溉对作物生理活动的影响

综上所述，连续灌溉作为一种新型的灌溉方法具有某些间歇式灌溉所不具备的优点——提高灌溉水的有效利用率，赋予灌溉过程以时间均匀性，改善灌溉品质。这些提高和改善效果对作物的生长发育过程及最终产量形成了一定的正面影响。

## 4.1 连续灌溉对作物光合作用的影响

光合作用是地球上最重要的化学反应。作物干物质有 90%～95%是来自光合作用。作物的光能利用率约为 5%。作物现有光能利用率所形成的产量与理论值相差甚远，具有很大的增产空间。提高光能利用率的有效途径是提高光合速率和延长光合作用时间。但是在一定的自然环境条件下，光辐射强度和光照时间均是确定值，是人为方式难以干预或改变的，可以改变的只有光合作用的主体——作物。怎样为作物提供良好的水分环境，提升作物自身的能力，使作物的光合能力更充分地发挥出来，在同等的光热条件下完成更多的干物质积累，是农业灌溉的目的，是人为干预提高作物光合速率的有效途径。

作物的光合作用受到水、肥、气、热等诸多环境因素的影响，在不同的水分条件下，作物的光合速率变化很大。彭世彰和徐俊增[8]研究了小麦在拔节-抽穗期不同水分条件下光合速率变化及地上部分干物质积累速率，见表 4.1。

**表 4.1　拔节-抽穗期冬小麦水分胁迫指标[7](山西霍泉，1997～1999 年)**

| 各项指标 | 土壤含水量(占田间持水量的百分比)/% | | |
| --- | --- | --- | --- |
| | 70 | 60 | 50 |
| 叶部形态 | 正常 | 轻度凋萎 | 凋萎 |
| 地上部分干物质积累速率/[kg/(d·hm²)] | 183.60 | 150.40 | 100.30 |
| 叶水势/bar① | −8.50 | −9.38 | −10.20 |
| 叶细胞液浓度/(g/L) | 7.50 | 8.90 | 10.20 |
| 光合速率/[μmol/(m²·s)] | 9.36 | 5.00 | 3.92 |
| 植株叶片氮/% | 2.76 | 1.96 | 1.41 |
| 植株叶片磷/% | 0.20 | 0.11 | 0.09 |
| 植株叶片钾/% | 0.36 | 0.25 | 0.12 |

---

① 1bar = $10^5$Pa。

图 4.1 是在两种不同灌溉方式下不同水分条件与不同的光合速率在同一时间背景下进行的比较。

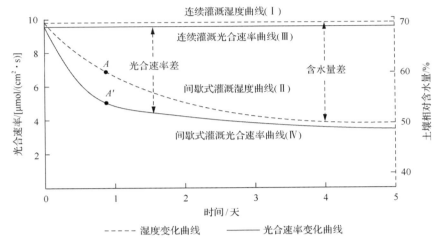

图 4.1　不同灌溉方式和不同水分条件下的光合速率曲线

为了便于比较,将两种不同灌溉方式下土壤含水量随时间变化的情况用虚线坐标表示,右侧虚线立轴表示土壤相对含水量。其中,连续灌溉湿度曲线(Ⅰ)表明:在连续灌溉条件下,土壤含水量不随时间的推移而变化,在 5 天时间内基本稳定地保持在 70%$\theta_f$ 水平,从而保障了光合速率稳定在 9.36μmol/(cm²·s)的较高水平。在图 4.1 中,用与时间轴平行的实线表示连续灌溉的光合速率曲线,即图中贴近连续灌溉湿度曲线(Ⅰ)的连续灌溉光合速率曲线(Ⅲ)。同样的,间歇式灌溉土壤含水量随时间变化的情况用虚线表示,即图中的间歇式灌溉湿度曲线(Ⅱ),相应的光合速率变化情况用间歇式灌溉光合速率曲线(Ⅳ)表示。很明显,在间歇式灌溉条件下,灌溉水后土壤含水量随时间推移而逐渐降低,光合速率也随之下降。当土壤含水量由 70%$\theta_f$ 降至 A 点的 60%$\theta_f$ 时,光合速率由 9.36μmol/(cm²·s)降至 A'点的 5.00μmol/(cm²·s)。其后,一直保持下降趋势,到本灌溉周期末,土壤含水量降至 50%$\theta_f$ 时,作物受到旱胁迫,光合作用受到抑制。此时光合速率已降至 3.92μmol/(cm²·s),仅为水分充足时的 42%,相应的地上部分干物质积累速率也由 183.6kg/(d·hm²)下降至 100.3kg/(d·hm²)。

在连续灌溉条件下,土壤含水量可一直保持在 70%$\theta_f$ 水平,在与间歇式灌溉周期等长时间内,土壤含水量一直稳定地保持在充足状态,从而保障了作物光合作用顺利进行,始终保持较高的光合速率水平。如图 4.1 所示,连续灌溉的光合速率与相同时间内间歇式灌溉的光合速率相比具有明显的差异。这种差异必然反映在作物的地上部分干物质积累量上。可见,优化土壤的水分状态是改善与提高作物光合速率的重要技术手段。

一个地区的光照强度和光照时数是无法控制的，是不可调的。但是，通过水分条件可以调控作物自身的光合能力，提高光合速率，其效果与提高光照强度或延长光照时间是等效的，客观上可达到调光的目的。因此，在生产实践中应关注土壤的水环境，用优化水环境的方法达到"以水调光"的效果。连续灌溉是一种"以水调光"的有效灌溉方法。

光合速率的差异是由灌溉品质的不同引起的，因此可以认为，连续灌溉使土壤水分一直维持在较高水平，避免了光合速率的逐日下降，使光合速率始终保持在较高水平。

长江科学院的研究人员姚付启等研究了连续灌溉、常规灌溉、雨养灌溉 3 种不同灌溉方式下柑橘树的光合速率。通过 3 个月的现场测试分析，得到的结果为：在连续灌溉条件下表观初始量子效率 $\alpha$ 值比常规灌溉和雨养灌溉分别高 16.2%和17.7%。更高的光合速率有利于作物的干物质积累[9]。

同时，又进行了柑橘叶片暗呼吸差异分析。研究发现在 3 种灌溉方式下，连续灌溉下的叶片暗呼吸值 $R_d$ 最大，分别比常规灌溉及雨养灌溉高 5.1%和 6.1%。这说明连续灌溉下柑橘的代谢过程旺盛，物质与能量的消耗大。

另外还进行了柑橘光补偿点的差异分析。研究发现，连续灌溉降低了作物的光补偿点，$L_{cp}$ 值分别比常规灌溉及雨养灌溉低 8.8%和 28.0%，表明在连续灌溉条件下，柑橘对弱光敏感，在较弱的光线下，照样可以进行作物的干物质积累，这相当于使柑橘树变得"勤劳(起早贪晚)"，延长了光合作用的时间，这一点可能对设施农业也有意义；温室或大棚的透光材料不同程度地降低了光照强度，对弱光敏感性的提高可使这种降低得到一定的补偿。

总之，连续灌溉通过灌溉品质的提升，影响了作物自身高效利用光能的能力，提高了光合速率，延长了有效光合作用的时间，促进了作物的干物质积累。

## 4.2　连续灌溉对地温、物候期与产量的影响

绝大多数植物属变温生物，体内温度随环境温度的变化而变化。因此，植物对环境温度的依存性很强，只能在很窄的温度范围内活动。环境温度的变化对植物的光合作用、体内物质代谢、酶系统活性等一系列生理活动的强度产生影响，对植物的生长发育、外部形态、特征及最终产量的形成都有重要影响。

中国水利水电科学研究院流域水循环模拟与调控国家重点实验室及水利部牧区水利科学研究所的高天明等以黄芪草地为研究对象进行了长达 3 年的连续研究，系统地研究了微润连续灌溉与滴灌两种不同灌溉方式对地温、近地气温的影响及生理活动强度的改变对黄芪最终产量的影响[10]。

### 4.2.1　温度对比

研究发现，滴灌后黄芪冠层气温和地温均低于微润连续灌溉后的气温和地温，这种情况通常持续 3～5 天。例如，2014 年生长期内的 4 次滴灌，每次滴灌后的 3 天内与微润连续灌溉后的温差情况如下：

5 月 20～22 日　　　　冠层气温分别低　3.2℃、2.1℃、2.6℃，
　　　　　　　　　　　地温分别低　　　1.5℃、2.2℃、2.3℃；
5 月 30 日～6 月 1 日　冠层气温分别低　4.5℃、3.7℃、5.2℃，
　　　　　　　　　　　地温分别低　　　2.4℃、3.3℃、3.0℃；
6 月 22～24 日　　　　冠层气温分别低　4.0℃、7.7℃、4.3℃，
　　　　　　　　　　　地温分别低　　　2.1℃、3.0℃、3.0℃；
7 月 17～19 日　　　　冠层气温分别低　1.3℃、1.1℃、1.1℃，
　　　　　　　　　　　地温分别低　　　2.4℃、2.1℃、1.6℃；

造成两种温差的主要原因是灌溉方法不同导致土壤湿润方式及水分蒸发行为不同。在滴灌条件下，由于地表湿润，土壤水分按大气蒸发力决定机制进行稳定蒸发，蒸发量大、水分损耗快。水分蒸发过程吸收大量潜热导致地温降低，并影响近地的冠层气温。只要地表潮湿，这种情况将持续下去。所以在研究中发现，明显的低温现象均出现于滴灌日之后，并且持续 3～5 天，直至地表开始干燥。

上述现象不仅在滴灌时会发生，凡是造成地面潮湿的地表给水灌溉均可造成地温降低。有时大水漫灌后发现作物停止生长数小时甚至 1～2 天，除水温低对作物造成刺激外，地温及近地层温度的持续下降也是重要原因之一。

微润连续灌溉过程中地表始终干燥并且水分蒸发损失量微小，吸收潜热有限，不会造成地温的明显降低，为作物提供了较好的积温条件。

### 4.2.2　物候期对比

地温与冠层气温的差异对作物生理活动强度造成一定的影响，使两种不同灌溉方式下黄芪的物候期出现差异：

返青　　微润连续灌溉　　　　4 月 25 日
　　　　滴灌　　　　　　　　4 月 25 日　　同时
分枝期　微润连续灌溉　　　　5 月 8 日
　　　　滴灌　　　　　　　　5 月 10 日　　晚 2 天
现蕾期　微润连续灌溉　　　　6 月 7 日
　　　　滴灌　　　　　　　　6 月 10 日　　晚 3 天
初花期　微润连续灌溉　　　　6 月 10 日
　　　　滴灌　　　　　　　　6 月 17 日　　晚 7 天

在之后的盛花期、结荚期、成熟期,滴灌黄芪均较微润连续灌溉黄芪晚 5～9 天。滴灌黄芪 8 月 25 日进入枯萎期,微润连续灌溉黄芪 8 月 29 日才进入枯萎期,相差 4 天,若加上微润连续灌溉成熟期提前的 9 天,整个成熟期微润连续灌溉比滴灌提前 13 天。

整个生长期内,滴灌黄芪冠层≥10℃活动积温累积为 1786 日度,土壤≥5℃活动积温累积为 1711 日度。微润连续灌溉黄芪冠层≥10℃活动积温累积为 1876 日度,土壤≥5℃活动积温累积为 1858 日度。二者的差异分别为 90 日度和 147 日度。

### 4.2.3 产量对比

黄芪为多年生的饲药两用植物,其地上植株可以每年刈割一次饲草,地下根一般需要 3 年才可药用。

2012 年 8 月开花期刈割,滴灌区干草产量为 645kg/hm$^2$,微润连续灌溉区干草产量为 1170kg/hm$^2$,微润连续灌溉比滴灌增产 81%;

2013 年 8 月开花期刈割,滴灌区干草产量 1775kg/hm$^2$,微润连续灌溉区干草产量为 2625kg/hm$^2$,微润连续灌溉比滴灌增产 50%左右;

2014 年 9 月枯萎期末收获药用根,滴灌区收获干草 750kg/hm$^2$,微润连续灌溉区收获干草 1200kg/hm$^2$,微润连续灌溉比滴灌增产 60%。

上述研究结果表明,微润连续灌溉可使地温明显提高,促使物候期提早和成熟期提前。

在一些其他实验研究中,也发现了在微润连续灌溉条件下作物提早成熟的现象。例如,徐州水利科学研究所种植的西红柿,与同期滴灌种植的西红柿相比开花提前 2 天,结果提前 3 天;茄子开花提前 4 天,结果也提前 4 天。山西省水利水电科学研究院在"雨水积蓄利用及微润灌溉系统技术综合集成研究"中发现用微润连续灌溉的芹菜水分生产效率为 46.4kg/m$^3$,比地面灌的生产效率 22.5kg/m$^3$ 提高近 1 倍,收获期提前 15 天。对于水果、蔬菜类农产品而言,提早成熟对提升产品的经济性显然是有意义的,但是微润连续灌溉是否确切地具有促进作物早熟的技术性能及灌溉方法对作物成熟期的影响程度有多大等许多技术性问题尚待进一步深入研究。

# 第二部分 应 用 篇

# 第5章 微润连续灌溉系统

## 5.1 微润连续灌溉系统的组成

微润连续灌溉系统是一个无需机械动力驱动的系统，除提水或自动控制需要少量动力外，灌溉系统的正常运行靠水位能和土壤水势能驱动。因此，系统结构简洁、运行安静，主要分为首部水源、输水管路及田间管网3个部分。

### 5.1.1 首部水源

为保证微润连续灌溉系统24h不停工作，要求供水部分能稳定地、不停地向外供水，可分为两种形式。

1. 田间水箱

田间水箱设于灌溉田块附近，设有进水口、水位控制器、出水口、阀门和压力表。

工作过程：净化的农业灌溉用水经进水口进入田间水箱，由浮球阀式水位控制器控制最高水位，防止满溢；由出水阀控制出流量并保持一定的水位压力向系统供水；田间灌溉网内的压力可由连接于出水口阀门后端的压力表读取，该结构可使系统保持恒压灌溉，使农田土壤含水量控制精度提高。

若用浮球开关替代浮球阀式水位控制器，浮球开关控制提水泵在水箱水位的下限和上限开闭，水箱水位将在上、下限间波动，灌溉系统将在变动的压力下进行工作，土壤含水量控制精度降低。但若水位上、下限设置合理，灌溉精度可控制在适当的范围内，这种方式适用于须不断从低处(水塘、水渠)向水箱提水的情况。

田间水箱的高度一般不超过2.5m，容积由两个因素确定：一是灌溉网覆盖面积的大小；二是向水箱补水频率的高低。可依据田间的具体情况计算确定。

2. 高位水塔

高位水塔(含自来水及山顶水池等)既具有较高的压力又可保持连续供水，是连续灌溉理想的供水水源。将水用管路引入田间，经流量控制阀进行流量控制或压力控制阀进行压力控制后即可直接进入灌溉田。

高位水塔供水方式适用于多点大面积灌溉场合。灌溉网易于实现遥感遥控数字化管理。

### 5.1.2　输水管路

输水管路一般可采用聚氯乙烯或聚乙烯塑料管或管件，有些高压管路也可使用钢管。管路布置与其他设施灌溉方法相似，按干、支、分、毛 4 级管进行配置，其不同之处在于在微润连续灌溉系统中，毛管部分是微润管，微润管的水分出流行为与滴灌、喷灌等间歇式灌溉方式有很大差异，这种差异对干、支、分管的选择配置有较大影响。

间歇式灌溉要求灌溉动作在短时间内完成，需要管内压力高、流速快、流量大，水分在输送过程中压头损失较大。因此，管材选型时要求选用耐压等级较高、管径较大的管。微润连续灌溉属低压灌溉，正常工作压力为 0.02～0.05MPa，系统以长时间、小流量的方式给水，管内水流速低，长距离输送压头损失很小。这些特点使微润连续灌溉的输水管路选配时，管的耐压等级可适当降低，管材管径也可适当减小，一般情况下，微润连续灌溉的分管均选用直径为 16mm 的聚乙烯管（polyethylene pipe，PE 管）及配套标准件。据此，依据分管的用量可推算出支管及干管的配置和合理选型，以增加系统设计的经济合理性。

### 5.1.3　田间管网

田间管网是灌溉给水的执行部分，微润管既是输水毛管又是给水器。微润管埋入地下使用，埋深一般为 15～30cm，视作物种类、根系分布、根体积大小及耕作要求而定。一般情况下，一年生作物或一年多次采摘作物，微润管埋入深度应在犁底层之下，避免翻耕或机械采摘对微润管造成损坏。

微润管外径为 16mm，选用口径匹配的三通、弯头、阀门、直通等配套件及相应规格的 PE 管连接，组成地下灌溉管网。田间管网分以下 6 种布置方式。

1）梳形布置

微润管一端用堵头堵死，另一端用三通与输水分管 PE 管连接。该结构方式适用于面积较小、垄长较短、水质优良、不需要经常冲洗的场合，如屋顶花园等，如图 5.1 所示。

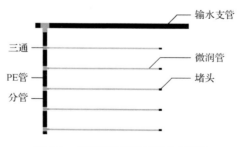

图 5.1　梳形布置田间管网示意图

2) 梯形布置

微润管两端通过三通分别与两根作为分管的 PE 管相连，使微润管可两端进水，满足较大的供水量要求，允许微润管单管可用长度更长、梯形覆盖面积更大。因此，梯形布置适用于平整地面成行大面积栽种的作物。如果面积更大，梯形单元可沿输水支管呈二方连续图案形状多次复制，横向展开。如果增长输水分管，灌溉面积也可沿图 5.2 中的纵向扩展。一般情况下，微润管单管使用长度不应超过 200m，如图 5.2 所示。

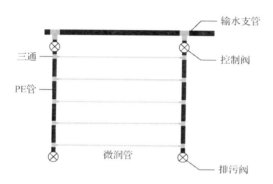

图 5.2　梯形布置田间管网示意图

梯形布置的两根分管由 4 个小型阀门控制，在管道清洗时，尾端排污阀可交替打开，避免管网出现清洗死角。

3) 环形布置

环形布置主要用于树木及荒漠化治理的单丛作物灌溉，适用于作物行株距较大的情况，采用环形布置可降低土地湿润体比，可只向作物所在位置进行点式灌溉，提高水分的有效利用率，减少棵间裸地的无效蒸发。多株作物间用输水管相连，组成田间灌溉网。

环形布置适用于稀植作物单株灌溉，如图 5.3 所示。

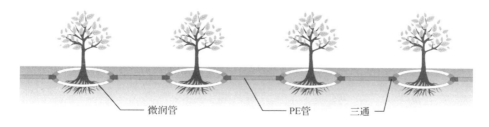

图 5.3　环形布置田间管网示意图

4）半圆环布置

如果树较小，需水量不大，也可采用半圆环布置，如图 5.4 所示。半圆环布置给果树施肥带来一些方便，也比较节省微润管，但需要注意控制灌溉水量，避免树木偏根。

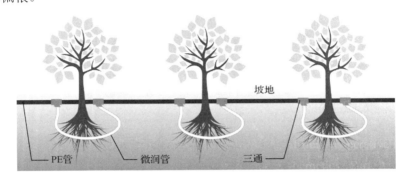

图 5.4　半圆环布置田间管网示意图

5）无定形布置

无定形布置主要用于园林景观植被灌溉，按景观设计和地块形状灵活铺设微润管，如图 5.5 所示。

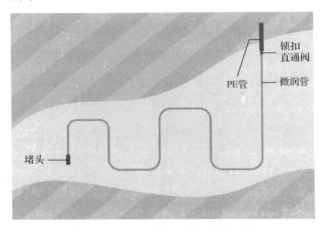

图 5.5　无定形布置田间管网示意图

无定形布置面积不宜过大，铺设时应注意微润管不可有锐角弯曲。

6）立体布置

所谓立体布置是指微润管垂直于地面安装，竖直布置在树木的根系旁，如图 5.6 所示。

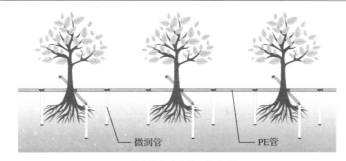

(a) 微润管竖直安装1(单株4根)

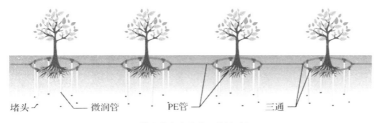

(b) 微润管竖直安装2(单株6根)

图 5.6　立体布置田间管网示意图

　　微润管的用量可以依据树木大小确定，如小苗可用 1 根，大苗可用 2～3 根，成树可用 4～6 根等。安装方式如图 5.7 所示。

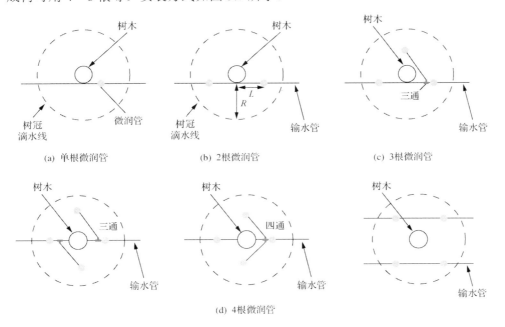

图 5.7　不同根数微润管安装示意图

使用多根微润管时须使微润管对称地排布在树木周围。每根管埋在树冠投影半径的 2/3 处左右，树木越大，微润管的位置应越靠近滴水线。每根微润管的长度视树木根系深度而定，一般按根系平均深度的 1/3～2/3 选用。

微润管下端要封闭，上端用三通与 PE 管逐一连接。在使用多根微润管时，每根微润管均需与输水 PE 管相连，形成田间灌溉网。网络通水后，单根微润管周围形成竖直的湿润体，随湿润体直径变大，多个湿润体相交，形成一个大湿润体，将树木的主要根系包容其中。

立体布置微润管安装方式灵活。例如，果树苗期只安装 1～2 根微润管，一两年后，随着树木的长大，很容易再加装两根微润管，满足树木耗水量需求的增大。因此，立体布置可以适应各种树木不同生长期的灌溉要求。

立体布置主要用于果树灌溉和绿化苗木种植，可使土壤立剖面不同深度的根层同时受水，有利于树木深层根的呼吸与灌溉。这一特点也可用于古树或高大风景树灌溉，一些古树根系非常深，由于地下水位下降，古树深层根吸水困难，特别是一些景观性古树，周边地面硬化后，地表水补充量也减少，古树的生存受到威胁。若使用微润管进行立体灌溉，无论树根多深，微润管都可将水直接送到根系附近。因此，立体灌溉可以有效解决古树深层根灌溉这一特殊问题。

### 5.1.4　配套器件

在微润连续灌溉系统中须配置压力表、流量计、自动排气阀等器件，也可以根据实际需要，在系统中配置施肥器及自动化检测、控制装置。由于该系统是低压工作系统，水的流量较小，压力表应选用低压表，流量计应选用计量精度较高的。自动排气阀用于排除输水管及微润管中的空气，使微润管完全充满水，避免空气占据部分微润管，影响灌溉效果。自动排气阀应安装在管网中较高处，一般安装在分管的前端或尾端，用管件连接在 PE 管上。

## 5.2　微润连续灌溉系统的控制与使用

微润连续灌溉系统建成后只要水源有水，系统就会自动运行。微润连续灌溉的方法使系统的运行管理简化，不必再考虑灌溉的起止时间、灌溉频率及每次灌溉水用量等问题。唯一需要掌握的是土壤合适的含水量，通过压力调控使土壤含水量保持在作物所需的最佳状态。

### 5.2.1　系统压力调控

如前所述，由于微润连续灌溉是以地下灌溉方式进行，灌溉过程中地面始终保有一层 2～3cm 的干土层。干土层的阻隔作用规避了地面辐照、地面风速及大气湿度等因素对湿润体内土壤含水量的强烈影响，使湿润体处于一个对外界扰动不太敏感、类似封闭体系的稳定状态。在这种情况下，在考虑土壤水分的收支平衡时，基本可以忽略裸地蒸发和深层渗漏损失，主要考虑作物的蒸腾消耗。从灌溉角度考虑，只要灌溉给水能及时、等量地补充作物耗水，使耗水与补水这一动态过程达到平衡，即可完全满足作物的水分需要，保持土壤含水量稳定。其中，关键是水量供给的准确与及时。微润连续灌溉系统的出水量与压力成正比，呈良好的线性关系，所以系统调控的关键是压力。压力是一个连续变量，在正常范围内，通过压力调节可将出水量控制在任何预先设定的水平。

微润连续灌溉系统的压力在供水部分调控。根据供水部分结构不同，调控压力的方式分下述几种。

1）用流量调控系统压力

当水源部分压力比较稳定，供水压力波动不大时，可以用普通阀门控制流量，用压力表读取压力数据。当单位时间内供出的水量与田间管网部分释放出的水量平衡时，压力表显示出的压力即为田间管网保持该出水量时的压力，不同的压力对应不同的出水量。

压力调节应与土壤含水量测试配合进行，调节阀门时管网压力变化稍滞后，而土壤湿度变化的滞后时间更长。调节时应充分考虑滞后因素，耐心仔细才能获取真实结果，特别是系统初装时，初始平衡灌溉压力须反复调节，往往需要几个工作日才能调试到系统最佳压力。

2）用减压阀调控系统压力

减压阀是最常用、最直观的压力控制工具，可按土壤含水量需求调节系统压力，以控制系统的出水量。压力表可直接读取系统的工作压力数据。如果采用电动减压阀，使之与土壤水分传感器配套组成自动控制系统，可将土壤含水量控制得非常精准。

3）用水位控制器或浮球开关调控系统压力

水位控制器或浮球开关所控制的不是某一确定的点，而是一个压力范围，通过水泵的开关将水箱水位控制在设定的上、下限内。压力上、下限范围越窄，水泵开启频率越高。这种控制方式使系统在波动的压力下连续工作，对土壤湿度控制精度有一定的影响。水箱容积越大，上、下限范围越窄，控制精度越高，反之则可能使土壤含水量产生一定的波动。

4）用时间调控系统压力

如果供水水箱较大，容量足以满足所覆盖地块一天的需水量，则可一天上一次水，用上水时间控制系统的出水量。

作物一天内不同时间消耗的水量不同，可选择在耗水量最高的时刻向水箱内加水，使水位达到所需的最高水位，使系统的最大出水量时刻与作物的最大耗水量时刻重合。此后，随水量消耗，水箱水位逐渐降低，系统出水量缓慢减少，该过程恰与作物吸水量逐渐减少过程耦合，二者行为一致有助于土壤水分的收支平衡、减轻土壤含水量的波动。

这里所说的"所需的最高水位"并不是水箱的最高水位，而是指可满足该时间内作物消耗而又能保持土壤含水量基本稳定的水位，其确定方法可参照初始平衡灌溉压力的确定方法。

5) 自动调控系统压力

以上 4 种压力调控方法均可通过采用相应的控制器和执行机构进行自动调控。

## 5.2.2　土壤含水量监控

微润连续灌溉系统运行过程中，压力是唯一的调控参数。压力调控的目的是调控土壤含水量，压力调控的依据也是土壤含水量。因此，对土壤含水量状态进行检测监控，并依据水分状态及时调控压力是正确使用微润连续灌溉系统的关键。微润连续灌溉方法提供了使土壤水分稳定保持在某一最佳值的技术条件，但最佳值的获取还需要认真检测土壤含水量并依据检测数据对压力进行相应调节才能实现。

可见，无论系统压力大小，都对应着一种土壤含水量状态，只要通过检测弄清现有土壤含水量状态，那么，对系统压力的微量调升或调降，都可使土壤含水量达到预定的理想状态。

对微润连续灌溉而言，土壤含水量检测不仅是对灌水效果的监测，更主要的是它直接指导正在进行的灌溉过程，必要时土壤水分检测可以和作物的生理活动检测同时进行、相互参照，更准确地确定对作物生长最有利的土壤水分条件。

## 5.2.3　田间管网中微润管的清洗

给水器堵塞问题是系统能否长期稳定运行的最大困扰。微润管抗堵塞性能较强，主要原因如下所述。

(1)微润管的出水通道孔径微小，与水中悬浮颗粒的粒径相比，尺寸有数量级的差异，颗粒难以进入出水通道内，较好地解决了水中杂质的物理堵塞问题。

膜技术发展过程中，无论是将膜技术用于净化还是分离，都存在一个有趣的现象——"大孔先堵"。虽然其原因目前尚无定论，但这一现象普遍存在。微润管的半透膜符合这一规律，管壁上大量极微小的孔很难被水中悬浮杂质完全堵塞。

(2) 化学堵塞发生的基本过程是水分在流道中静止后，受环境影响，小孔内水分蒸发、浓缩，使水中钙、镁等盐类达到饱和点并结晶析出，附着于孔内壁上，经反复多次积累后造成小孔化学堵塞。微润连续灌溉的出水方式是 24h 连续出水，水分在微孔的时间仅是它的通过时间，没有蒸发及浓缩的时间，不可能结晶析出钙、镁等盐类。因此，微润连续灌溉的水分出流行为阻止了化学堵塞发生的可能，即使用硬水灌溉也不会造成微润管堵塞。微润连续灌溉过程应尽量避免系统停水，少数几次开停不会对其造成影响，但如果使用高硬度水并且系统经常停水就有可能造成微润管永久性化学堵塞。

(3) 作物新生根尖一般为 2～5μm，尺寸大于微润管直径，无法钻入管内造成根系入侵堵塞。有时根系可能缠绕微润管，但不会影响微润管的出水。

尽管微润管可较好地防止物理堵塞、化学堵塞和生物堵塞，但是在长期使用过程中，可能会发生下述两种情况：①水中悬浮杂质附着于管壁，形成内壁附着层，该层的阻力造成管的出水量衰减。时间越长，附着层越厚，流量衰减越严重，一般当流量衰减至原流量的 60%～70% 时，应进行清洗。②如果灌溉水质较差，水中不仅含有悬浮杂质，有机或无机胶体含量也较高，其中有些胶团体积尺寸与半透膜孔径相当，易进入微孔造成堵塞。这些胶团柔软、富有弹性、易于变形，在适当的冲洗条件下，可以从微孔中排出，不易造成永久性堵塞。

针对上述两种情况，田间管网中微润管的清洗应分两步进行：第一步，低压冲洗。用正常工作压力对管道进行冲洗，冲洗水携污物从管网尾端排污阀排出，必要时可加用少量洗涤剂，增加洗涤效果。洗涤时交替开关管网内不同的进水阀和排污阀，改变水流方向，避免出现冲洗死角，待排污阀出水清澈，管道清洗完毕，关闭排污阀进行高压清洗。低压冲洗主要清洗微润管内壁上的沉积层，清洗水可直接排放，也可通过回路返回水箱，再次使用。第二步，高压冲洗。关闭系统尾部排污阀，将系统压力升至 0.10～0.15MPa，对微润管管壁上的微孔进行冲洗，由于加压后微润管产生轻微变形，微孔直径会稍微变大，塞在孔里的、原先尺寸与孔径适配的胶团或颗粒出现松动，在高压水的冲洗下排出孔外。高压清洗时间为 1h 左右，完成后微润管出水量可基本恢复到原先的出水量水平。

这两步冲洗作用不同，低压洗管，高压冲孔。微润管一般 2～3 个月冲洗一次，水质较好的可在一季生产过后冲洗，冲洗可反复进行，使微润管在较长时间内保持正常工作状态。

高压冲洗期间，微润管的出水量可高达 500mL/(m·h) 左右，使土壤含水量突然升高，并在微润管周边形成较大的饱和区。冲洗完成后，可以停水 2～3h，待饱和区水分自然扩散后再恢复正常灌溉。

### 5.2.4　系统排气

微润连续灌溉系统初装时，管路内存在大量空气，在首次充水时，应注意尽量将管中空气连续排掉，避免被空气占据的部分微润管出水不畅，影响灌溉效果。

在微润连续灌溉系统使用过程中，水中溶解的少量空气也会逐渐释放到管内，并在管路高点处汇聚。微润管管壁上虽然有大量微孔，但这些微孔在常规工作压力下只适于出水，不适于出气，靠微润管自身很难将积累于管内的空气排出，因此，灌溉系统使用过程中，也应按时排气。在微润连续灌溉系统设计时，应根据具体地块的实际情况设计手工或自动排气阀。排气阀应设置于系统中的相对高点，手动排气阀也可以与系统排污阀共用。

## 5.3　微润连续灌溉施肥方法——水肥一体、连续施肥

微润连续灌溉的实现为连续施肥提供了技术载体，使施肥技术从间歇式向连续式的跨越成为可能。连续施肥作为一种新的施肥方法，很有希望成为解决目前普遍存在的肥料利用率低下问题的方法。

目前，化学肥料有效利用率仅 30% 左右，其中有些化学肥料如磷肥的实际有效利用率仅 20% 左右。化学肥料作为大宗的正规产品，使用时仅一小部分被利用，绝大部分成为无用的废物，十分可惜，也十分可怕。其可惜之处在于，化学肥料生产属大型制造业和资源高消耗性生产，从化石、矿物资源的开采、运输到制造，千辛万苦才制成的产品，在使用时却用三掷七，恐怕除化学肥料外，没有任何一种工业品可以这样挥霍；其可怕之处在于，掷掉的七并非一掷了之，而是会对环境及食品安全造成二次污染。农业面源污染已成为我国环境总体恶化趋势的推手，它污染大气、江河及食品。最近公布的"全国土壤污染状况调查公报"指出，全国耕地土壤点位超标率达 19.4%，其中，化学肥料的贡献率占很大比重。土壤板结酸化、盐碱化及土壤性能的退化都与面源污染密切相关。

大量的调查表明，无论是大厂还是小厂生产的，无论是国内企业还是跨国公司生产的，只要是正规的氮肥产品，在我国，其有效利用率基本都是 30% 左右。这表明，氮肥有效利用率低下与产地无关、与生产商无关、与产品自身的质量无关。那么，问题出在哪里？问题就出在化学肥料的使用方法上。

### 5.3.1　传统施肥方法存在的问题

我国施用化学肥料的方法脱胎于传统农家肥的施用方法，施用肥料的品种改变后，施用方法并没有相应地跟着改变，犹如仍用管理牛车的方法管理汽车。目前，国内施用化学肥料的主要问题是水肥分施和超量施肥[11]，这些问题均与间歇式施肥

方法密切相关。

1) 水肥分施

与农家肥不同，化学肥料只有水溶性部分是有效的，而且该部分只有溶解于水，形成恰当浓度的水溶液才能被作物吸收。如果水肥分施，化学肥料施入农田后，一段时间内没有水，那么，这个时间段内滞留在农田中的化学肥料就是无效的，甚至有时会是有害的。化学肥料被湿润土壤中的土壤水溶解后，使土壤水的盐指数急剧升高，造成土壤溶质势大幅度降低，扼制植物的根系对水分和养分的吸收，严重时甚至使根系脱水，代谢紊乱，发生烂根、烧根，损坏了作物，也浪费了肥料。

2) 超量施肥

我国以 7%的耕地面积养育着世界 21%的人口，是一件令国人引以为傲的事，但是，7%的耕地却用了全球化学肥料总量的 35%[12]，超量施肥的水平令人咋舌。超量施肥和奢侈用肥是肥料浪费最主要的原因，也是化学肥料造成环境污染及食品污染的重要原因。

3) 间歇式施肥

间歇式施肥是目前国内外主要使用的施肥方法，即一次性将较大量肥料施入土壤中，蓄肥于土，供作物利用一段时间后，再追施一次。间歇式施肥的问题在于，蓄肥的土壤是一个不可靠的蓄肥器，并不能像真正的仓库一样将肥料完整地储存。肥料进入土壤，立刻进入一个复杂的动态环境。风吹、日晒、淋溶、微生物转化及矿质吸附固定等随时都在发生，使肥料日渐损失消耗。有研究者曾作过下述研究：向无作物的土地上施用尿素，保持土壤水分条件与耕地相同，在风吹日晒，微生物硝化、反硝化及雨水淋溶作用下，45 天后检验。结果显示，土壤中的尿素消失殆尽，而氮素水平几乎与本底无差异。实际上，氮肥在土壤中的有效存留量是时间的函数，与环境条件密切相关，多存留一天就会多浪费一分，有时日损耗量高于作物的日吸收量。大量研究表明，施肥频率越高，肥料的有效利用率就越高，损失浪费就越少[13]。甚至有研究发现，将相等数量的肥料分多次施入，每多分一次，作物产量将提高 1%～2%。

将传统的施肥方式改用滴灌施肥，既实现了水肥一体，又提高了灌溉效率，一般可将肥料有效利用率提升 50%左右。但滴灌属于间歇式灌溉，滴灌施肥仍属于间歇式施肥。

## 5.3.2　连续灌溉与连续施肥

间歇式施肥方式在全球通用至今，既有历史沿革原因，又有对施肥方法的认识因素，更主要的还是技术载体问题。在连续灌溉技术出现之前，没有一种技术载体可支撑连续施肥技术的实施，使得施肥技术一直停留在间歇式施肥水平。

　　灌溉技术与施肥技术密切相关。如前所述，连续灌溉是间歇式灌溉频率趋于无限大时的一种极限状态，是频率最高的间歇式灌溉，也是一种最优化的灌溉给水方式。连续灌溉的给水量精准可控，使得土壤中的水分消耗多少，就补充多少，随时消耗，随时补足，水分的供给过程与作物的消耗过程在时间上同步、在数量上匹配。同样，以连续灌溉系统为技术载体，通过水肥耦合的方式进行连续施肥，可以使土壤中肥料的存在状态和吸收利用过程发生改变，将连续灌溉造成土壤水环境优化的效果转化成肥料环境优化的效果。

　　所谓连续施肥就是通过连续灌溉系统 24h 不断地向作物供给肥料，拟合作物 24h 不停吸肥的生理特点，是一种按照植物生命节奏进行施肥的合理施肥方式。其要点如下：

　　(1)按照作物在该生长期所需的肥料品种和耗肥量，计算该灌溉区作物的每日总需肥量。

　　(2)将计算好量的肥料投入水箱或与水箱连通的溶肥罐中，每日一次。

　　(3)肥料中有效部分溶解于水中，随灌溉系统直达作物根部，供作物吸收。不溶解部分为无效物，作为残渣排出。

　　用连续灌溉系统进行连续施肥的特点如下：

　　(1)由于灌溉系统的日给水量是明确的，以该给水量配施的肥料量可准确地在当日送达作物根区，施肥准确，符合作物的日吸水量及需肥量。

　　(2)由微润管水分出流行为决定，随水进入土壤的肥料始终处于运动状态，以微润管为中心，肥料以逐层扫描的方式向湿润锋扩散，扩散中与途经的根逐一接触，实现了"肥找根"，提高了吸收效率，使施肥无死角，当天施入的肥料基本可以在当天被吸收。

　　(3)用连续施肥方法可准确地按作物需要施用微量元素肥料，灵活地调整肥料配方和用量，提高施肥的准确性。但是，由于有机肥品种太复杂，水溶性有机肥中含有一些高分子量的分子或分子团，容易进入孔内造成流量衰减或微孔堵塞，不建议用该系统施加有机肥，包括水溶性良好的有机肥。

　　(4)对无机肥的品种无特殊要求，不必特别选用价格昂贵的"专用水溶肥"，普通的氮肥、磷肥、钾肥及复合肥均可选用，但应注意适当过滤，滤出不溶残渣。

　　(5)如前所述，土壤中的肥料损失量是时间的函数，肥料在土壤中滞留时间越长，无效损失量就越大。"一炮轰"式施肥，肥料最长须在土壤中滞留 120~150 天，传统的"一基两追"式施肥，肥料在土壤中滞留时间至少在 30 天以上，这样长时间的损耗是肥料利用率低下的重要原因。连续施肥肥料在土壤中滞留时间仅 1~2 天，滞留量很少，使土壤造成的肥料损失大幅降低，较好地解决了肥料无效损失问题。

　　(6)土壤的肥料收支是"日进日光"，很少积留，遇暴雨也只能淋溶当日吸收残存部分。该方法为解决化学肥料造成的面源污染问题提供了一条良好的途经。

　　化学肥料的正确使用须遵循"5R"原则，即选择正确的肥料品种 (right fertilizer)，在正确的时间 (right time) 以正确的剂量 (right dosage)，用正确的方法 (right method)，施入正确的位置 (right position)。在"5R"原则中，任何一项"R"的缺失都将使施肥效果大打折扣。连续灌溉为连续施肥提供了技术载体，使"5R"原则更易于掌控，更方便实施。

# 第6章 连续灌溉在农业生产中的应用

连续灌溉作为一种新的技术方法,可广泛应用于农业生产、林业生产、园林绿化及荒漠化改造等多种灌溉场合,也可以应用于高落差山坡地、沙漠化土地及盐碱地等具有特殊要求的灌溉场合。

几年来的应用实践表明,凡是间歇式灌溉可以应用的旱作物种植场合,均可使用连续灌溉技术方法,下面以在设施农业中的应用为例,说明连续灌溉系统在农业应用中的安装使用方法。

## 6.1 连续灌溉在设施农业中的应用

种植蔬菜是我国农民增加收入的主要途经之一,其经济效益明显优于种植粮食、棉花和油。20 世纪 80 年代以来,我国设施蔬菜种植面积从最初的不足 0.7 万 hm²,发展到 2008 年的 334.7 万 hm²,面积占全国蔬菜种植总面积的 18.7%,产值达到全国蔬菜总产值的 51%,设施蔬菜已经成为我国蔬菜生产的主导产业。

设施农业是一项高投入、高产出的产业,资源投入多、劳动力投入量大、技术集成度高。其中,灌溉是设施农业组成的重要技术之一,其技术的优劣对产量的形成、产品的品质、病虫害的防治及土壤质量的管理都有很大影响。

大棚中连续灌溉系统由首部水源、输水管路及田间管网 3 部分组成。下面以每棚占地 1 亩[①],长 75m、宽 9m,以水箱为水源的大棚为例进行具体说明。

1)首部水源

受棚内空间和系统工作压力要求的制约,大棚内水箱不仅要求占地面积小,而且又要有足够的高度。一般可选用 1m×1m×2.5m 的立地式水箱或 1m×1m×1m 的较小型水箱,小型水箱需配备支架,架高后上水面水位高度达 2.5m。水箱宜选用不透光材料,上部加盖,防止光照条件下滋生藻类。

水箱顶部有进水口,与外部水源连接,将已经过净化的清水引入水箱,进水口处配备浮球开关或浮球阀式水位控制器,保持水箱水位始终处于充满状态,并使水分充满后不外溢。水箱底部应设排污口。

水箱下部距底面 20cm 处设出水口,出水量用减压阀控制,与输水管路连接,并配备一个量程为 0.1MPa 的压力表。

---

① 1 亩≈666.67m²。

2) 输水管路

因单棚日耗水量较小，输水管路选用滴灌系统通用的直径为 16mm 的 PE 管。PE 管沿棚长度方向铺设于微润管两端，与微润管组成梯形灌溉网络。为了便于冲洗，将田间灌溉系统输水管路划分成 4~6 个区域，每个区域的水流可单独控制，以便日后冲洗时可分区冲洗，其铺设如图 6.1 所示。

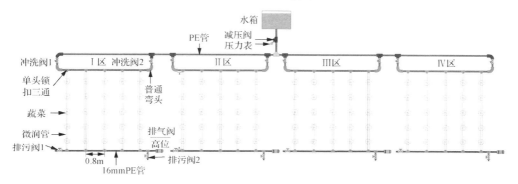

图 6.1　田间灌溉系统输水管路布置图

安装时首先将 I 区所需的 PE 管剪成段，每段长度与垄距相等，段的数量是垄数的 2 倍，用三通的一端与微润管连接，另两端分别与两段 PE 管连接，多段 PE 管逐段连接后形成 I 区的一条输水管路，输水管路的两端连接到主输水管，排成如图 6.1 所示的 I 区。按同样的方法连接 II 区、III 区等不同小区。

3) 田间管网

田间管网铺设前，应先进行棚内土壤消毒、杀虫调理、翻耕、施有机肥等，土地整理完成后再开沟埋管。

按预设种植作物的行距开沟，每垄埋设一根微润管，沟深 25~30cm，将微润管埋入犁底层之下，避免翻耕时损坏管路，各沟深度应保持一致，沟底平整。

将微润管剪成与垄等长的管段，平直铺于沟底，每垄一根。微润管两端分别用三通与 PE 管连接，形成梯形灌溉网，梯形的两边是多段 PE 管连接而成的输水管，其中，一边输水管与水箱相连，另一边输水管与排污阀及排气阀相连。排气阀也可设置于网络中相对较高的其他位置。

管网安装完成后，须通水检验。打开水箱底部的减压阀，在 2m 水柱工作压力下，观察各条微润管的水分释放情况，检查各安装部件有无滴漏，发现问题及时处理。该步检验非常重要。因为系统以连续灌溉方式运行，24h 不停水，要求系统在完全密封的条件下工作，所以，任何一处小渗漏点都会对灌溉质量造成影响，同时也会造成水分的大量浪费。

系统检验完成后，在微润管充水胀圆的情况下，填土掩埋微润管，填埋时应注意不要使大块异物直接压到微润管上影响管内水分流动。

上述 3 部分是单栋大棚灌溉系统的基本组成部分。一般情况下，多个大棚可共用统一的水处理设备、施肥设备及自动控制设备等。

## 6.2　连续灌溉系统的使用与管理

连续灌溉系统区别于以往灌溉系统的最重要之处在于给水方式，正是它以 24h 不间断的微量给水方式灌溉，才使得灌溉全过程避免了旱涝交替胁迫，保障了土壤微环境的水气平衡和灌溉品质的时间均匀性。因此，连续灌溉系统使用的第一要点就是保证连续供水，保证系统内始终有足够的水量使系统能正常工作。水不仅是连续灌溉系统的物质来源，也是系统运行的能量来源。如果供水时断时续，将打乱系统的正常功能，使连续灌溉的技术优势难以发挥，甚至导致灌溉的失败。因此，需特别强调不能按间歇式灌溉的思维来设计连续灌溉系统，不能用管理间歇式灌溉的方式来管理连续灌溉。在没有做好准备，不具备连续供水条件的地方，暂时不要使用连续灌溉技术。

连续灌溉系统安装好之后，其使用和维护都很简单，易于掌握。

连续灌溉系统是依靠水势能和土壤水势驱动的灌溉系统，只要有水，系统就能自动工作。系统的各种工作参数，如出水量、出水速度、湿润体半径、土壤含水量等，均可通过压力控制调节。因此，该系统是一个单参数控制系统，是一个控制复杂度很低的简单系统。

压力控制包含两项控制内容：一是控制压力的大小，二是控制保持该压力的时间长度。压力控制的目的是保障作物根系受到良好灌溉，因此，压力控制的依据是土壤含水量及湿润体体积的大小。

1）压力控制调节湿润体体积

系统安装及检验完成后，系统以正常工作压力 2m 水柱进行灌溉，目的是在干燥的土壤内尽快形成湿润体。通过观察测定，确认湿润体的大小是否足以包容作物的根体积。这一阶段，湿润体内含水量并不重要，重要的是湿润体体积的大小，若体积过小，部分根系未能受水，影响灌溉效果；若体积过大，湿润锋超出根区范围，造成水分浪费。

如果大棚作物是新移栽或播种的，须在栽种和播种前的 7～10 天通水灌溉，以便有足够的时间在土壤内形成湿润体，且使形成的湿润体足够大，湿润体的上缘露出地面，在表面的湿土层内播种或移栽，如图 1.8 所示。

但是，在正常灌溉情况下，湿润体不应露出地面，地面不应有湿迹，因潮湿地面蒸发量远高于干燥地表(详见 1.2.4 节)，易于造成水分浪费和大棚内空气湿度升高。因此，当种子发芽后或移栽苗缓苗后，应及时调整系统压力使湿润体体积收缩至地面以下，使地面恢复干燥。在连续灌溉过程中，凡出现地面湿润的情况，均属于不正常现象，是系统压力过高引起的，应及时调减压力，控制湿润体体积，恢复地面干燥。

2) 压力控制调节土壤湿度

压力调节除了控制湿润体体积外，主要是控制湿润体内的土壤湿度。在保持湿润体形成的压力(2.0m 水柱)运行一段时间，土壤湿润体体积达标后，经仪器测量，如果发现土壤湿度较高，可适当调减压力至 $P_1$(如 1.80m 水柱)，使土壤湿度降低，保持 $P_1$ 运行一段时间，并持续观察土壤湿度的变化情况。若发现土壤湿度呈逐日上升趋势，则说明系统供水量大于作物田间水分消耗量，土壤中有水分积累。因此，再次下调压力至 $P_2$(如 1.20m 水柱)，并保持 $P_2$ 运行一段时间，若发现土壤湿度呈不断下降状态，则说明调幅过大，系统供水满足不了作物田间水分消耗量，土壤发生水分损失。如此，在 $P_1$ 与 $P_2$ 之间经数次调节，可找到一个压力 $P_b$(如 1.40m 水柱)，在该压力下，土壤含水量保持稳定，较长时间内基本不变，说明系统供水量与当时作物田间水分消耗量相当。作物消耗多少，系统补充多少，土壤水分处于收支平衡状态，作物供水处于最佳状态。$P_b$ 称系统的初始平衡灌溉压力。

系统初装后，第一件重要的事就是确定初始平衡灌溉压力。初始平衡灌溉压力的确定过程比较麻烦，但一经确定，之后的系统压力控制就变得非常简单。

3) 压力控制调节平衡灌溉时间长度

初始平衡灌溉压力 $P_b$ 的大小与土壤质地、作物种类、作物的生长期及气温等环境因素有关。对于新移种作物而言，随作物生物量的增长和环境温度的升高，耗水量越来越大，以初始平衡灌溉压力 $P_b$ 供水的平衡将被打破，此时，应及时微量调升压力 $\Delta P$(如 $\Delta P = 5cm$ 水柱)，使之重新恢复平衡。系统的压力升至 $P_{b1}=P_b+\Delta P_1$ 时，$P_{b1}$ 称第一时段平衡压力，$P_{b1}$ 维持的时间长度 $T_{b1}$ 称第一平衡时段。之后，随时间推移，用同样的方法调节 $P_{b2}$，$P_{b3}$，…，得到第二时段、第三时段等一系列平衡时段，使各个平衡灌溉时段相互衔接，构成作物全生长期的平衡连续灌溉。可见，连续灌溉的压力控制是一个动态的过程，是一个不断与作物水量消耗取得平衡的过程。该过程不仅可以使作物的全生长期处于充沛、良好的灌溉环境中，而且必要时，也可以在任何一个时段内降低土壤湿度，进行调亏灌溉，使作物见干见湿。如图 6.2 所示，某作物需要在特定的 $T_{b3}$ 时段进行调亏灌溉，此时，将系统的压力 $P_{b2}$ 降至 $P_{b3}$，$P_{b3} < P_{b2}$，系统出水量降低，土壤含水量随之降低。保持

$P_{b3}$ 压力运行到 $T_{b3}$ 时段末，使整个 $T_{b3}$ 时段土壤均处于低含水量状态，达到调亏目的。调亏程度和调亏持续时间的长短，可按农艺学要求精确控制。

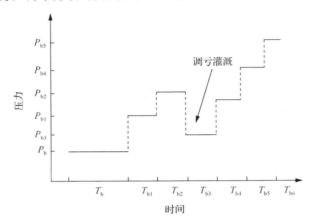

图 6.2　平衡连续灌溉过程中调亏灌溉示意图

# 6.3　连续施肥操作

在农业生产中，超量施肥已成为全国性的普遍现象，超量部分的肥料不仅对作物产量没有什么贡献，而且还造成土壤酸化、盐碱化，使土壤生物多样性降低、土壤结构破坏、功能退化。利用连续灌溉系统的水肥一体化方式对作物连续施肥，可以提高施肥的准确性与针对性，提高肥料利用率，简化施肥操作过程。

有机肥在整地时作为基肥足量施入。灌溉施肥主要施用的是化学肥料和水溶性微量元素肥料。可以使用专用的全水溶性肥料，也可以使用普通的氮、磷、钾肥料或无机复合肥，施用方法有两种，一种是简单施法，另一种是准确施法。

1）简单施法

为简化计算，将年施用肥料量按作物生长天数等量分配，每天施用一份。例如，某作物年施肥量是每亩 80kg 复合肥，生长期为 120 天，核算每天用肥量为每亩 0.67kg。因此每天称取 0.67kg 肥料，装入化纤布缝制的过滤袋中，投入水箱中，当日施肥工作便完成，次日再重复一次，直至肥料用完。肥料中有效部分溶于水后形成极稀的水溶液，随灌溉水直接到达作物根部，被作物吸收利用。肥料中的不溶部分是无肥效残渣，残留于袋中，需定期清洗。

有机–无机复合肥中的有机部分基本不具水溶性。因此，连续施肥时，不建议选用有机–无机复合肥，也不可单独选用有机肥。

2) 准确施法

将肥料用量按时间不等量分配，每天施入一份。

作物的不同生长期需肥量和需肥品种不同，可根据农艺学需要，按"5R"原则细分每日用量，及时调整氮、磷、钾肥的比例，适时添加微量元素，提高施肥质量。

连续施肥较好地拟合了作物吸收肥料的生理过程，减少了肥料的挥发、固定及淋溶损失，提高了肥料的有效利用率。所以，在实际操作中，可根据实际情况，酌减肥料的总用量。

## 6.4　系统清洗操作

连续灌溉中使用的水均应是经过沉降及过滤处理过的水，但水中仍难免含有微量的悬浮颗粒。悬浮颗粒的粒径一般均大于微润管管壁的孔径，微润管水分出流时，悬浮颗粒被截留并黏附于内壁上。另外，部分极小的悬浮物也可能进入微润管管壁上的微孔，造成膜孔堵塞，长时间会在内壁形成附着层，附着层会产生一定的流动阻力，使微润管出流量衰减。因此，灌溉系统应进行定期清洗，清洗分两步进行。

1) 低压冲洗

低压冲洗是指用水箱水压力冲洗微润管，按大棚内灌溉系统输水管路分区布置冲洗，如图 6.1 所示，首先关闭Ⅱ区、Ⅲ区、Ⅳ区的冲洗阀和排污阀，进行Ⅰ区冲洗。进行Ⅰ区冲洗时，首先打开冲洗阀 1、排污阀 2，同时关闭冲洗阀 2、排污阀 1 进行冲洗。待排污阀 2 出水清澈，关闭冲洗阀 1 和排污阀 2，打开冲洗阀 2 和排污阀 1 再次进行冲洗。交叉水流可避免输水管路中出现冲洗死角。Ⅰ区冲洗完成后关闭Ⅰ区冲洗阀和排污阀，依次进行余下 3 个区域的清洗。全部冲洗完成后，关闭排污阀，进行高压冲洗。低压冲洗主要清洗附着于微润管管壁上的沉积物，称低压洗管。

2) 高压冲洗

高压冲洗是指在较高压力下，使水分经微润管管壁微孔流出，清洗微孔内的污物。这里所说的污物主要是指用普通过滤器无法滤除的水中极微小的颗粒、有机或无机胶体，当颗粒或胶团尺寸刚好与微孔孔径相当时，进入微孔的胶团容易被卡住，堵塞微孔，使微润管出水量下降。在高压作用下，微润管发生轻微变形，孔径变大，使原先尺寸适配的堵塞物松动，高压水流从孔中冲出，微润管出水量重新恢复。

高压冲洗需使用小型移动式水泵，将水泵接入输水管路中，打开各区的所有冲洗阀，关闭所有排污阀，在表压 0.10～0.15MPa 下对系统加压 0.5～1h，清洗完成后，将水泵撤出。

高压冲洗时应注意：

(1)严格控制水泵压力不超过 0.15MPa，如果泵压过高，微润管局部容易发生永久性变形，恢复常压后，该局部出水量仍很大，影响灌溉的整体均匀性，降低灌溉质量。

(2)高压冲洗期间，系统出水量比平时高 7～8 倍，土壤湿度突然升高并在微润管周围出现水分饱和区，因此，高压冲洗时间不宜过长，应该注意水分突然升高对作物的影响。高压冲洗完成后，可停止供水 3～5h，待饱和区消失后，再恢复正常灌溉。

(3)高压冲洗应在低压冲洗完成后进行，应特别注意冲洗期间关闭排污阀，让系统保持与正常灌溉时相似的工作状态。

# 6.5 其他管理

大棚环境相对封闭，灌溉系统受其他干扰损坏几率较少，系统建成后主要应注意运行过程中的管理。

1)注意系统排气管理

系统安装完成后，应通过排气阀彻底排光管路内的气体。在灌溉系统正常运行过程中，管路内仍会不断积聚由水中排出的空气，应该注意经常打开排气阀将气体排除，以免影响灌溉质量。

2)注意土壤湿度管理

土壤湿度是大棚生产中最值得关注的技术参数，它直接关系到作物生长速度和经济产量的形成(详见 6.2 节)，是生产技术管理的核心。但是，间歇式灌溉只能在灌水时刻进行适当的"起始点"控制，很难对土壤湿度进行过程控制，使得对生产过程土壤湿度的准确控制成为难以解决的技术难题。连续灌溉给出了直接控制土壤湿度的技术方法，使作物全生长期的湿度控制成为了可能。因此，在连续灌溉系统使用过程中，应掌握用压力调控土壤湿度的方法，用土壤湿度的调控获取作物的最高生长速度和更好的经济产量。因此，要避免用简单的或开或关操作来调整控制土壤湿度，避免用间歇式灌溉思路操控连续灌溉系统，避免将连续灌溉系统操作成间歇式灌溉设备。

3)注意微润管的干湿管理

微润管的出水通道是管壁上的大量微孔，微孔直径很小，当微润管管壁干燥时，水分进入微孔需要克服很大的表面张力，微孔越小，表面张力越大。因此，微润管干燥后，水分难以进入微孔内，造成出水量降低，甚至完全不出水。所以必须用表面活性剂处理，降低微孔的表面张力，使微孔浸润活化，水分才能进入微孔，流出管外。因此，对连续灌溉系统不要实施间歇式操作，无特殊情况不要关闭系统，应使微润管始终保持湿润状态。

万一发生因微润管干燥而不出水的情况，可用食品级表面活性剂，如洗洁精等进行处理，方法是先放空灌溉网络中的存水，用与大棚内管路总容量相等的水量配置浓度为2%的表面活性剂溶液，先将溶液通过水箱灌入管路中，然后将水箱加满水，进行正常灌溉。

4) 注意地面干燥管理

在连续灌溉条件下，大棚内地面应长期处于干燥状态，在种植管理过程中，应随时注意地面是否有湿迹出现。出现湿迹有以下两种情况：一是地面局部地区出现积水，说明该处微润管受到损伤破坏，应及时进行检修，方法是将被破损处剪断，用直通管件将断处两端重新接通，接通后管件部分不能向外释放水分，对灌溉质量稍有影响。二是发现地面整体或大部分湿润，如图 1.8 所示，说明灌溉系统压力过高，湿润体过大，上缘露出了地面。此时，应适当调减系统压力，使湿润体直径收缩，缩至地面以下。

与地面给水的间歇式灌溉不同，在连续灌溉条件下，地面湿润是不正常现象，属于对灌溉系统的错误操作。保持地面干燥是连续灌溉系统用于大棚的一项技术优点，它可以使大棚内空气的相对湿度降低，减少病虫害的发病率，减少通风降湿时间，使大棚内温度更易于保持。同时，由于地面干燥，可减少无效蒸发，大量减少水分浪费，避免杂草滋生，方便田间的耕作管理。如果管理适度，地面一直保持干燥，可以考虑大棚内地面不用覆盖地膜。

# 第7章 连续灌溉在林果业及生态建设
## 方面的应用

## 7.1 连续灌溉在果树种植中的应用

果树种植是近年来我国发展最快的种植业之一，由于果树种植的经济效益好、市场需求量大、对地形适应性强、发展空间大，成为农业产业结构调整的一个主要方向，品种迅速增多，面积迅速扩大。以柑橘为例，2008年，我国的柑橘栽培面积和产量双双跃居世界第一。果树灌溉与普通的农田灌溉有很大的不同，不能简单将农田灌溉方法照搬到果树灌溉中使用，果树灌溉需着重解决下述3个问题。

1) 点式灌溉

果树灌溉与农田灌溉的重大差异在于：果树属单株稀植作物，棵间裸露地面比例大，如果用传统的大水漫灌方式灌溉，将使大量灌溉用水变成无效水，蒸发损失率比农田高很多。因此，果树应进行点式灌溉，只给有果树生长的点灌溉水，其余大量裸地保持干燥状态，以降低湿润比的方式防止水分无效蒸发，提高水分的有效利用率。

2) 单株均匀灌溉

果树属多年生作物，若灌溉不当或灌溉均匀度误差较大都会对果树生长产生影响，其中灌溉均匀度误差有积累传递效果，多年累加会对作物本身造成影响。比较典型的是"滴灌根"问题，由于滴头布置不当，滴头下方水分充沛处的根粗大、健壮，生长发育很快，无滴头处的根不能正常受水，萎缩甚至枯死，造成畸形发育的"滴灌根"。

连续灌溉解决单株均匀灌溉的方法是微润管绕树环形对称布置，环形大小依据树冠大小决定，一般使圆环半径等于树冠半径的 2/3～4/5。树冠越大，圆环半径比例越大，以保证环形微润管的湿润锋可抵达滴水线位置。环形布置可使沿各个伸展方向的根同时均匀受水，可解决单株作物根系均匀灌溉问题。

3) 深层灌溉

多年生果树根系很深，浅表层灌溉水往往难以到达土壤深处，使深层根受水不足、呼吸困难、吸收营养有限。树木越高，问题越突出。

对于高大树木，连续灌溉采用环形立体灌溉方式进行深层灌溉、深层输气、深层施肥，使全根系活力充沛、代谢旺盛。

环形立体灌溉是将微润管垂直地面竖向布置，埋入地下，直接将水肥送到深层根旁的灌溉方式。微润管长度按与根的深成比例设计，微润管的条数根据树木大小确定，对称分布于树干周围（详见 5.1.3 节）。

### 7.1.1　高落差坡地果园灌溉

为充分利用土地资源，我国很多果园建立在落差较大的山坡上。沿坡面等高线修筑的台地，随山就形，形状复杂，很不规整。每片台地面积不大，各台地间均有高差，有时可达几十米。这种复杂的地形使果园灌溉变得非常困难。逐台阶、逐树浇灌是一件非常辛苦的工作，用工量很大。在果园的日常管理中，灌溉几乎是最耗工耗力的。

坡地果园灌溉的另一个问题是水资源量有限。用电泵提水每立方米电费很高，使生产成本上升、收益减少。所以坡地果园灌溉主要依靠雨洪灌溉或小型水利工程灌溉。用于坡地果园灌溉的每一滴水都是以工程代价换来的，水资源十分珍贵且数量有限。如何充分利用有限的水量进行节水灌溉是坡地果园灌溉必须要面对的问题。

传统的滴灌或喷灌设备属高压驱动系统，一方面需要系统保有一定的压力以驱动滴头或喷头的正常工作，另一方面又要求系统各个部分压力必须均匀一致，以保证不同位置的滴头或喷头出水量相同，提高系统的灌溉均匀度。然而，当主管道沿山坡铺设将水从山顶水池引入山下时，由于重力作用，海拔越低，管道内的压力越高，有时主管道两端的压力差可以达几十米水柱。在这样的地形上布置常规的滴管系统时，通常是山顶部分压力不足，要加压才能驱动系统正常工作，而山下部分压力过高，需要减压才能保持系统的灌溉均匀度。对于同一个灌溉系统而言，一部分需要加压，另一部分需要减压，使系统结构变得异常复杂，系统控制难度加大，往往很难达到预期效果。大坡度地形均匀给水灌溉问题对高压灌溉系统来说一直都是一种挑战。

微润连续灌溉为坡地果园的自动灌溉提供了解决方案，解决了高落差地形的均匀灌溉问题。

微润连续灌溉系统是不需要动力的低压灌溉系统，只要系统内有水，系统即可自动运行，运行过程靠水位的自压驱动，而不需要将动力源处产生的高压水传送到处于不同高度的末端。这个特点使整个系统的控制变得非常简单，只需在每块台地的一端安装一个阀门(开关阀或减压阀)，即可使该台地的水压满足微润连续灌溉的技术要求。整个果园的灌溉系统按等高线分别控制，处于不同高程的台地间互不干扰。总水箱的高度或主水管内的压力变化对各台地的分别控制不产生影响。按等高线分层控制的方法，消除了高差对灌溉均匀度的影响，实现了整个系统的均匀灌溉，解决了高落差山坡果园自动灌溉和节水灌溉的问题。同时对果园的灌溉方式和偏远山区自动灌溉意义重大。

(1)改变了果园的灌溉方式。依靠雨养灌溉的偏远山区由于受工程规模和可集雨量的双重约制，可用水量往往有限，很难支撑果园进行全年灌溉。有限的水量主要用于干旱时的应急灌溉，仅作救灾之用。平时果园仍然靠雨养灌溉，生产过程仍然处于"靠天吃饭"的状态。由于微润连续灌溉非常节水，水量可期可控，果园可以依据水量制定全生长期的灌溉计划，进行全年灌溉。"靠天吃饭"转变为"计划灌溉"，将"救命水"转变为"生产用水"，使"雨养田"变为"水浇地"。灌溉方式的转变对果产品产量的提高和品质的提升提供了保证，为水肥一体提供了条件，使果园的生产管理提高到了一个新的水平。

(2)为偏远山区实现自动灌溉提供了条件。偏远山区自动化节水灌溉不仅受到集雨量的限制，往往还受到电力的限制，使该区域自动化灌溉变得异常困难。微润连续灌溉不需要电力驱动，只要水池有水，系统即可自动运行。为偏远无动力电网地区实现高效节水灌溉提供了技术条件。

### 7.1.2　平原地区果树灌溉

建植于平原地区果园的灌溉系统比山坡果园的灌溉系统简单一些，系统组成及使用方法与农田系统没有多大差异，主要差别是田间管网的布置方式。

果树育苗时，由于行株距较小，苗木种植密度较大，微润管可以按行铺设，形成梯形连接，采用适当的湿润比进行灌溉。但当移栽定植到大田后，为降低无效灌溉面积，应按点式灌溉方式进行布置。微润管可采用环形或垂直安装，垂直布置比较灵活，可以在幼苗期只在苗旁安装一根较短的微润管，过一两年后，随根体积增大，再在对称位置加装一根或两根较长的微润管，使灌溉系统的供水能力随树的增长而加大。

这里需要强调的一点是轮灌问题。通常轮灌是为了扩大灌溉面积，用单一水源和单一压力源覆盖多块灌溉面积的技术方法。为了解决高压水头的压力传导，在管径设计、管件质量等方面均需要有较高的投入，在运行管理方面也需要专职人员值守。

微润连续灌溉属于低压灌溉，系统运行不需要高压水驱动，输水管路只是单纯地输水，不需要输送高压，因此管路更简单。管路和组件规格可大幅降低，系统造价更经济合理。因此，在大型果园整体设计上，不建议选用轮灌方案而应选用连续灌溉方案。由于连续灌溉更节水，同一水源的水量完全可满足原轮灌设计覆盖的灌溉面积的需水量，甚至可使灌溉面积更大，可以消除不同地块间的灌溉时差，总体上提高灌溉的空间均匀性和时间均匀性，提高灌溉质量。

# 7.2　连续灌溉在生态建设、荒漠化治理中的应用

全球约有 1/3 的陆地面积为干旱区，由于全球性气候变暖，这些区域面临不同程度的土壤退化和植被退化，荒漠化正大面积蔓延。我国荒漠化面积已达到国土面积的 1/4 以上，成为社会普遍关注的生态问题之一。在干旱地区，植物的生长量受最差满足条件的制约。水是荒漠区满足程度最差的因素，是荒漠区植被恢复的第一限制因子。进行荒漠化治理，需要面对的关键问题就是如何解决沙化土地灌溉问题。沙化土地灌溉的困难之处在于以下 3 个方面。

(1)沙质土或沙化土壤中毛管不发达，颗粒间空隙大、持水能力低、保水能力差。在沙质土中，水分几乎失去了水平流动性，入渗水在重力驱动下，以垂直流动为主，快速掠过作物的根区，向深层渗漏。根层可持有水量很低，大部分灌溉水以渗漏形式损失。灌溉过程水分有效利用率很低，而且单次灌溉水量越大，损失率就越大。地面灌溉的重力水是造成水分损失的一个主要原因。沙化土地灌溉每次用水量不宜过大，应尽量避免大量重力水渗漏造成的损失。同样的水量应分多次灌溉才可能最大限度地避免渗漏损失。但多次灌溉也存在问题：当水分多次灌溉后，地面将被多次浸润，湿润地面水分的快速蒸发又导致蒸发损失量上升。二者之间顾此失彼，成为沙化土地灌溉中至今难解的两难问题。

(2)沙漠地区降雨量稀少而蒸发量很大，有时地面温度高达 50~60℃，灌溉水分在高温条件下蒸发强烈，损失严重。很多水分在根系还未来得及吸收利用前就已蒸发损失掉了，使灌溉水的有效利用率很低。

(3)沙漠地区均属于缺水干旱地区，水资源量十分有限，水是沙漠地区植被恢复的主要限制因子。例如，我国新疆地区，没有灌溉便没有农业，没有灌溉便没有绿洲，没有灌溉当然也谈不上沙漠植被恢复。资源的硬性制约，对灌溉的科学性提出更严苛的要求。总之，沙漠地区特殊的气候环境、资源条件和土质特性等多重因素相互叠加、相互影响，使沙漠灌溉困难重重，成为灌溉技术中最难以突破的国际性课题，是长期困扰沙漠地区植被恢复的重大问题。

## 7.2.1　以地下灌溉的方式解决沙漠灌溉的水分蒸发损失问题

由于微润管的半透膜特性较好地解决了物理堵塞、化学堵塞及生物堵塞问题，可以将微润管作为地下给水器使用。微润管埋入一定深度的沙土中后，在地下形成湿润体，将水分直接送达植物的根部，对作物进行灌溉。灌溉水没有地面入渗过程，不产生地表湿润面，避免了湿润面的强力蒸发及湿润面蒸发拉动深层土壤水上升、迫使下层水快速消耗的机制。微润连续灌溉的湿润体不露出地面，灌溉过程中地面始终保持干燥，干土层厚度为 2~3cm。干土层相当于湿润体与外界的隔离层，将

湿润体与地面的强力蒸发隔离开来，使湿润体免受沙漠地区高温干燥环境的影响。

　　湿润体内的少部分水分会发生汽化，汽化水的数量以该封闭湿润土体中的水蒸气分压为限。这部分汽化水可能以气体扩散形式穿过土壤表面的干土层逸入大气，也可能会在土壤呼吸过程中被外界空气置换，造成水分损失，但数量十分有限。湿润体中水分损失机制与湿润土面蒸发后期土壤的水分损失机制(即水汽扩散机制)相同，二者单位时间损失水量也可以相比拟。

　　地下灌溉与地面灌溉的机理不同，可清楚地反映在二者的蒸发曲线上，如图7.1所示。

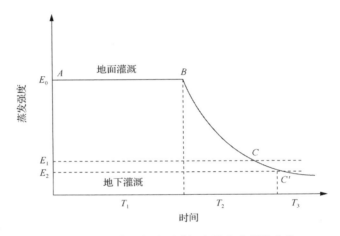

图 7.1　地下灌溉与地面灌溉土壤水分蒸发曲线

　　1)地面灌溉

　　灌溉给水过程造成农田地面湿润，地面以自由水面的蒸发强度 $E_0$ 蒸发，使土壤水分快速损失，土壤含水量迅速下降。而且，地面蒸发强度 $E_0$ 不随土壤含水量的降低而降低，直至土壤水中最有效的毛管水损失殆尽至毛管水发生断裂的 $B$ 点，蒸发强度才开始下降，由于此时毛管水已断裂，土壤供水能力大大下降，地面水汽明显降低，蒸发强度也随之减弱。由 $B$ 点的 $E_0$ 一直降到 $C$ 点的 $E_1$。此后，地面开始出现干土层，土壤水的蒸发机制发生变化，按水汽扩散机制蒸发，蒸发强度进一步降低，水分损失减缓，减缓强度与干土层厚度有关。据杨德军等的研究[4]，当湿润土壤表面出现干土层后，地面蒸发强度降低至 $E_1$ 以下。出现干土层后，地面的蒸发强度一般不大于湿润地面的蒸发强度的 5%，即 $E_1 \leq 0.05E_0$。

　　2)地下灌溉

　　地下灌溉的湿润体首先在地下形成，正常灌溉过程中地面不会发生湿润。灌溉过程始终在干土层的保护下进行，地下灌溉的蒸发强度 $E_2$ 将低于 $E_1$，较好地解决了沙漠灌溉中的蒸发损失问题。

### 7.2.2　以连续灌溉方式解决水分渗漏损失

微润连续灌溉的给水方式是以微量水 24h 不停地缓慢供水方式进行灌溉，给水速度很低，以每小时毫升数计量。低速供出的水分，首先使管周围土壤颗粒表面湿润，形成颗粒表面水膜，水膜又使邻近的土壤颗粒湿润，使水分以缓慢扩散的方式在土壤中逐层传递，以辐射状形成湿润体。该过程形成的水流是非饱和流，水分被土粒表面吸附或被土壤毛管吸持。经测试，以微润管为中心的横剖面土体中，水分向上、下、左、右 4 个方向的扩散距离相等。形成湿润体的剖面是以微润管为圆心的正圆形，说明灌溉给水过程不产生重力水。无论沙质土壤持水性能多差，只要给水速度合适，都可以保证不出现重力水。

这里所说的给水速度合适，是指微润管给水的出流速度不大于土壤的导水速度。沙质土壤的导水速度与土壤中的粗颗粒和细颗粒的比例有关。粗颗粒含量越多，导水速度越大，持水性越差，越容易产生重力渗漏水。但无论持水性多差的沙质土壤，只要认真控制微润连续灌溉系统的出水速度都可以控制到不产生重力水的程度，从而解决了沙漠灌溉中最难解决的渗漏问题。使形成湿润体的范围仅限于根系可及的有限区域，在该区域湿润体内水分基本是可被作物利用的有效水。

蒸发损失和渗漏损失的降低，使灌溉的有效性即水分的有效利用率大幅提升，表现出明显的节水效果，解决了沙漠灌溉的第 3 个方面的问题。以节流的方式解决水资源紧缺及承载力不足的问题，使沙漠灌溉变得像普通农田灌溉一样简单方便。

### 7.2.3　沙漠灌溉典型案例

波斑鸨是一种生活在沙漠地区的大型鸟类(图 7.2)，属珍稀野生动物。每年从埃及经阿联酋至哈萨克斯坦往返迁徙。由于阿联酋沙漠广袤、植被稀疏，鸟类获取食物、补充能量和水分困难，生命与迁徙活动受到威胁，联合国野生动物保护组织设立了专项资金，与阿联酋环境署共同主持进行沙漠植被恢复。

工程面积达数百平方公里，以地下苦咸水为水源，修建了 8 座淡化水厂，铺设输水管线近千公里。水源工程完成后，2012 年，灌溉工程开始全球招标，征集节水性能最优的灌溉技术。投标企业的灌溉设备必须先在主办方指定的试验区进行示范，种植草、灌木、乔木 3 类作物，并进行为期 1 年的技术考评。微润连续灌溉技术顺利通过了技术考评，与美国、英国、澳大利亚、阿联酋 4 个国家的企业同时中标，微润连续灌溉标段面积为 987hm$^2$(约 1.5 万亩)，2013 年开始施工。

阿联酋沙漠气温高达 50℃，年降雨量 50mm，蒸发量在 2000mm 以上。植物在这样的环境下很难存活，人类生活其中都感觉十分煎熬。所用水均为淡化厂生产的淡水，水贵如油，所以对灌溉的第一要求就是节水。

种植植物为蕹菜和马齿苋等，成丛种植，每亩 16 丛。微润管呈环形布置，环直径 1.6m，每丛一环埋入地下，环间用聚乙烯管连接组成灌溉网络。第一标段 500 亩，分 8 个区域，用自动控制系统统一管理。微润管在沙土中形成圆形湿润体，湿润体深度 80cm，没有深层渗漏，表层干燥，干沙层厚度 5cm。蕹菜播种 7 天后发芽，发芽整齐，长势均匀。10 月，株高达 60cm。恢复区的沙漠出现了成行成排的绿色植物。植物丛中出现了昆虫，波斑鸨游走其间，沙漠呈现一片生机。

图 7.2 波斑鸨和微润连续灌溉下新生的绿色植物

2013 年 10 月，主办方对中标五国企业灌溉系统的技术性能进行了一次统一的实测评比。评比期长达 84 天，涵盖了从播种到收获的全过程，设定了 4 项技术指标，即节水率、作物株高、总生物量及水分生产效率。其中，节水率是最重要的评比指标。全过程由主办方派出的专业人员实施，包括播种、施肥、现场调查、数据统计等，比较公平公正、科学严谨。2014 年 1 月进行全面评比，所设的 4 项技术指标中，微润连续灌溉均名列前茅，最突出的是节水指标，比国外 4 家公司的节水率高 52%。此次结果使主办方对我国技术刮目相看，为二期工程打下了良好的基础。

我国沙漠地域广阔，土地资源、光照资源丰富，具备有利的发展种植业及相关产业的条件。钱学森先生晚年致力于推动沙产业的发展，并将其称为“第六次产业革命”。他认为，沙产业是“引入高新技术及高新技术产品——新材料、信息技术等，将会出现前所未有的新产业，一个真正知识密集型农业产业。”[14]

目前，沙产业发展的最大困扰是水。沙漠灌溉技术的突破，为沙产业的发展提供了助力。但愿我国的荒漠化改造能走出简单植被恢复的老路，按钱学森先生的设想，以产业化发展带动荒漠化治理，走出一条“中国式生态环境建设”之路。

# 第8章　连续灌溉的潜在应用方向

微润管是管壁上充满巨量微孔的管，管壁自身的出水方式是面源出水，管向农田的供水方式是线源供水。无论是出水方式还是供水方式均与过去的单孔点源出水有很大不同。这种差异必然影响水–土之间的关系，使水分在土壤中的运移、分布方式发生变化。另外，当农田灌溉的给水方式从地面转入地下、从间歇式转变为连续式后，灌溉水的运动方式也会发生某些重要的变化。了解、认识这些变化，充分利用这些变化带来的可能性，也许会使过去地面间歇式灌溉遇到的一些问题找到新的解决途径。下面讨论的几个问题，作者认为是微润连续灌溉可能应用并解决问题的方向，其中有的已进行了简单的实验验证，有的仅是设想，但均没有进行规模化系统研究、验证，因此，称为潜在应用方向。

## 8.1　次生盐渍化土地的应用

耕地盐渍化是引起土壤退化的一个重要因素。目前，我国总耕地面积为 1.2 亿 hm$^2$，其中有37%左右的土地都受到不同程度的盐渍化危害。其中，土壤含盐量为 0.2%～0.3%属轻度盐渍化土地，作物受到盐渍化毒害及渗透势胁迫，发生生理干旱，减产幅度大约为 20%；土壤含盐量为 0.4%～0.6%属中度盐渍化土地，作物减产 50%以上；土壤含盐量为 0.6%以上属重度盐渍化土地，盐胁迫达到一般作物耐受程度以上，土地基本失去耕作价值[15]。可见，耕地盐渍化问题是威胁耕地安全的严重问题，是值得引起我们认真对待、努力解决的重大问题。

### 8.1.1　关于土壤次生盐渍化的一些思考

一般认为，土壤次生盐渍化是超量施肥和奢侈灌溉引起的。化学肥料本身具有较高的盐指数，肥料有效部分被作物吸收后，残留于土壤中的剩余盐基离子越积越多，成为土壤次生盐渍化的重要因素。这种情况在设施农业中表现得最为明显，为追求产量，大棚蔬菜种植普遍都是大水大肥，肥料用量往往超过正常用量的几倍。同时大棚内又不具有自然淋洗条件，盐基离子只进不出，几年下来土壤开始发生次生盐渍化，而且越演越烈，甚至恶性循环。大棚土壤人为加速盐渍化已成为我国设施农业中存在的普遍现象，如不及时扭转，将成为可持续发展的一个障碍。

普通农业生产中超量施肥现象并没有设施农业生产那么严重，有的贫困地区甚至施肥不足，但耕地次生盐渍化照样发生。可见，化学肥料是影响土壤次生盐渍化的原因之一，但并非是全部原因。

一般认为，奢侈灌溉是土壤次生盐渍化的主要原因，不合理灌溉，大量的灌溉水入渗，使地下水位抬升，通过毛管机制使地下水或深层水的盐分表聚，造成耕层土壤盐分含量上升。特别是排水设施不良的灌溉区，盐分没有出口，只进不出的最终结果就是造成耕地次生盐渍化。

但是，有很多地区的地下水位很低，如陕西杨陵地区，地下水深达 85m，靠灌溉水根本不可能将其抬升到与耕地土壤水连通的程度，这样的地区却照样发生次生盐渍化。可见，除地下水位抬升之外还有其他原因引起土壤次生盐渍化。

我们认为，土壤次生盐渍化的另一个重要原因是灌溉水。灌溉水本身就是土壤盐渍化物质，只要有灌溉就会有盐渍化风险，只不过奢侈灌溉使风险因素复杂化，使风险加大。而合理灌溉只是将风险降低，将风险的可控性增加而已。我国《农田灌溉水质标准》(GB 5084—2005)规定合格的农业灌溉用水中全盐量应小于 1000mg/L。如果使用这种达到标准的水灌溉，灌水量为 450m³/亩(我国目前的亩均灌水量)，那么，达标灌溉水每年带入土壤中的盐分高达 450kg/亩。虽然这些盐分不会全部存留于土壤中，部分盐会因降雨淋溶脱离土壤。但是，残留是不可避免的，残留量的逐步积累，最终必然导致土壤次生盐渍化。土壤次生盐渍化是一个渐进过程，是一个不易被察觉的慢变量，往往需要几十年甚至几百年后才会发生灾难性后果。但其过程是不会自动停止的，只要有灌溉就存在次生盐渍化风险，灌溉水是土壤的盐渍化物质。

从这个角度考虑，我们认为节水灌溉应有两层含义：一是节约用水，二是节制用水，前者关系到国家的水安全，后者关系到国家的土地安全。只有最大限度地节制用水，让灌溉水这种土壤盐渍化物质尽量少地进入农田，才能使耕地次生盐渍化进程减缓下来。如果灌溉水用量降低至土壤自净化能力范围内，次生盐渍化才会终止。

## 8.1.2　关于节水灌溉

灌溉是一柄双刃剑。一方面，灌溉解决了作物的需水问题，避免了自然灾害，使作物稳产、高产，一般情况下，灌溉农田与非灌溉农田产量差可达 50%左右；另一方面，灌溉造成农田中盐分积累，土壤退化，作物减产。前者是一个极快变量，是单纯变量，不但"现世现报"，而且几乎立竿见影，极短时间内就能立刻看到其影响的结果；后者是一个慢变量，是复杂变量，受各种因素约制，往往需几年、几十年甚至几百年才能见到"报应"，因此往往被忽略。在灌溉史上，只注意追求前者而无视后者的案例比比皆是，其中，最惨痛的是人类第一个农业文明的陷落。

当人类第一个农业文明的曙光在两河平原升起时，底格里斯河及幼发拉底河充沛的水量为平原灌溉提供了极便利的条件。古巴比伦的先民尽情享用水之利，毫无节制地奢侈灌溉，小麦的连年丰收促进了农业文明的繁荣与发展。但数百年后，小麦的产量越来越低，直至最后小麦无法种植，只能种植大麦。大麦再次经历了产量越来越低的相似历程，直至最终先民发现"大地变白了"。限于当时的知识水平，先民不知发生了什么，但人类第一个农业文明社会却无可挽回地崩塌下去，土壤盐渍化、荒漠化使古巴比伦文明陷落，昔日的良田退化成今日无垠的沙漠。今天，土壤盐渍化进程并未终止，无论是美国、苏联、埃及还是中国，那些曾引以为傲的大型灌溉区，很多正在经历着与古巴比伦的陷落相似的过程。普通农田也不例外，有些设施农业的耕地，甚至正在经历着"人为加速盐渍化"过程。土地盐渍化已成为农业可持续发展中必须面对和解决的重大问题。"水利"和"水不利"之间是否存在边界，边界条件如何，如何利用边界条件之度控制盐渍化发生，是值得关注研究的问题。

随灌溉水进入农田的盐分不会全部滞留在土壤中，总有一部分会被自然淋洗或作物吸收而脱离土壤，使土壤表现出对盐分累积的自净作用。自净能力大小与土壤、作物、气候等复杂因素相关，是需结合具体条件，经实验研究确定的。该数值一经确定，即可明确在该种植环境下土壤最大可容许已知浓度的灌溉水量，而不会再发生次生盐渍化。该点可成为农田灌溉的临界水量点，也是无排水条件下农业盐分自净化平衡点。用水量超过该点后，平衡将被破坏，土壤开始发生次生盐渍化；而当灌溉水量不超过该点时，土壤是安全的，是长期可持续利用的。

全球的水危机越演越烈，无论你目光投向哪里，到处都能见到水危机的踪迹，我国当然也不例外。《二十一世纪议程》指出，"水不仅为维持地球的一切生命所必须，而且对一切社会经济部门都具有生死攸关的重要意义"。我国政府近年来花费大力气来推动节水灌溉，投入了大量的人力、物力和财力。但推广起来困难重重，其重要原因之一就是用户对节水的冷漠态度和与己无关的心理。认为节水只是单纯的利他行为，错误地认为，只要条件允许，灌水越多越好，一定要把农田"灌饱"。这很可能是我国农田盐渍化面积达到37%的重要原因。自净化平衡点及最大安全灌水量必将引导出有限灌溉、合理灌溉和节制灌溉的概念，将有助于灌溉者重新审视灌溉行为的科学性，也将有助于节水灌溉内涵的拓展。

现代灌溉的内涵起码应具有两层含义：一是节约用水，二是节制用水。前者强调了水安全，后者着眼于土壤健康。用现代灌溉的概念区别于以往粗放灌溉、奢侈灌溉等半定量灌溉方法，充分顾及灌溉对受体(土壤)的影响及二者之间的密切关系，将有助于人们对灌溉的深入理解，也有助于实现灌溉的科学性和合理性。

### 8.1.3　节水灌溉与现代农业

我们强调的节水灌溉并非单纯意义上的少用水，而是有条件地少用水，用现代灌溉的角度衡量，节水灌溉起码应该满足下述两个条件。

其一是不影响作物产量，以获取最大产能为目标，争取用最少量的水。实质是提高水分生产效率。任何节水灌溉如果造成减产，即使节水率再高，用户也难以接受。其二是不伤害地力，避免为追求最大产能的灌溉引起土壤次生盐渍化，强调以耕地盐碱自净化平衡点为节水灌溉的水量上限，不允许超过此数量的水进入农田。这样，一些排水条件较差或受水资源支持能力等条件限制，无力排水的农田，也可以免受盐渍化危害。

两个条件中，第二个条件是制约性条件。当两个条件发生冲突时，应首先满足第二个条件，并以制约性灌溉水量所能达到的产量为农田的最高产量。理性地对待灌溉，理性地决定产量。只有善待土地，土地才能永续地善待我们的子孙。在灌溉理念的蒙昧期，人们用最原始的灌溉技术和灌溉理念来满足对最大产量的追求，结果造成人类第一个农业文明的崩塌。现阶段是灌溉理念的朦胧期，产量最大化仍是灌溉追求的根本目标，节水处于工具性地位，是受水资源压迫的一种应对。古老灌溉理念仍左右着人们的灌溉行为，致使全球性次生盐渍化进程未能受到有效扼制。随着社会和科学技术的现代化发展，整体性生态观念使人们对水－土关系的认识和对农业生产能力的理解发生巨大转变。虽然现实农业生产中原始灌溉技术仍占很大比例，但节水灌溉已成为生态农业的理性需求，是避免土地退化、维持农业可持续发展的一种选择，是现代灌溉的一项合理内涵。

### 8.1.4　次生盐渍化耕地的避盐种植和永久性治理

次生盐渍化耕地对作物的直接影响就是减产。为了避免次生盐渍化危害，减轻盐碱对作物产量形成的不良影响，微润连续灌溉提出了一种避盐灌溉方法，其要点如下。

(1)微润管半透膜的水分出流特点是水流具有单向性，即灌溉水在土壤中的流动方向是从圆心沿半径方向流向圆周。流动过程中，微水流逐层润湿土壤颗粒，将吸附于土壤颗粒周围的盐分溶解，并携带盐分向湿润锋方向运移。在连续灌溉条件下，这种运移过程持续进行，日夜不停，其结果是使土壤中的盐分分布发生变化——由无序的高混乱度的均匀分布逐渐转变为不均匀分布。不均匀分布的特点是湿润锋处盐分浓度越来越大，形成盐分的高富集区，而湿润体内部土体中盐分浓度越来越低，形成淡化区，如图8.1所示。

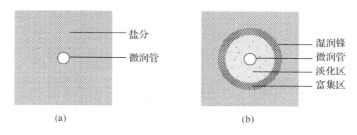

图 8.1　湿润体内土壤局部淡化示意图

土壤局部淡化实验表明：起始状态[图 8.1(a)]土壤电导率为 3.50～4.20mS/cm。连续通水 30 天后[图 8.1(b)]，湿润体内电导率降至 0.25mS/cm 左右，说明已完全淡化，而湿润锋处电导率已高达 9.50～9.80mS/cm，比湿润体内部高几十倍，说明盐分已被驱赶到湿润锋处，并在该处富集。

（2）按微润连续灌溉的技术要求，微润管应布置在作物根区附近，形成湿润体的大小要足以容纳作物的根体积。湿润体内土体淡化使作物的主要根系均处于淡化区内，使作物根区的盐分环境与正常土壤相似，避开了盐碱成分对作物生长的毒害与胁迫，达到根系避盐目的。

（3）微润管按垄埋入农田中，灌溉过程产生圆柱状湿润体，当湿润体半径大到一定程度时，湿润体之间发生相交，交集区由两条弧线围成，剖面为梭形的土体，如图 8.2 所示。

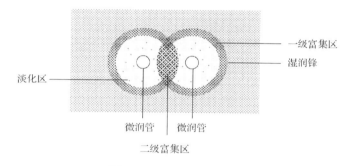

图 8.2　湿润体交集区剖面图

该梭形区域是两个湿润体内盐分共同的富集区。如果将湿润锋处称为一级富集区，那么两个湿润锋的交集处称为二级富集区，经测定，该区电导率达 12mS/cm 以上，比湿润锋处的一级富集区更高，是整个土体中盐分浓度最高的部分，该部分恰好位于两行作物之间，属棵间区域。也就是说，在连续灌溉条件下，水分将土壤中大量盐分驱赶到棵间裸地，使得作物生长部分的土壤淡化，这对作物的避盐生产显然是有利的，使作物在盐渍化土地上"有盐无害"地生长。

（4）上述盐分分布方式是自动发生的，是连续灌溉过程中水盐运动的必然结果。而且，梭形区域的形状与位置是由水分运移的动态平衡所决定的。因此，梭形交区域相对稳定地处于棵间，只要灌溉持续进行，其形状和位置都不会发生大的变化。即使因降雨发生临时变形，在之后水分运移的动态平衡下也会逐步恢复。淡化区、富集区的形成是避盐种植的关键，这两个区域的稳定是避盐效果稳定的保障，可使作物在全生长期内不受盐害。对于多年生作物，如果树，其淡化区一旦形成，只要坚持连续灌溉，可使其终生避免受盐害。

（5）上述过程中，耕地中总盐分没有减少，盐渍化土地并没有得到治理。避盐种植是一种回避问题的方法，是无良方根治盐渍化土地时让土地带"病"工作的无奈之举。第二年土地翻耕后，土壤的盐分分布被重新打乱，淡化区和富集区界线消失，一切还要重新来过才能形成该年度的新淡化区。但是，值得注意的是，微润连续灌溉的单向水流使土壤内的盐分发生了由无序到有序的定向运移，并且在某些特定的地点富集。这些富集位置是可以预测和预知的，而且富集程度可以是淡化区盐分浓度的几十倍。这些现象的出现，为彻底根治盐碱地提供了一种可能，即将已富集的高浓度的盐分直接从土壤中取出的可能。初步的实验研究表明：微润管垂直埋设并按下述方式布置后(图 8.3)，可在农田中的不同位置分别形成二级、三级富集区。

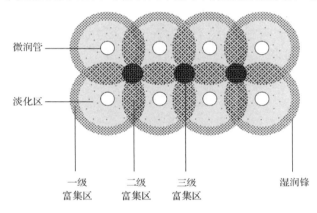

图 8.3　多级湿润体交集区剖面图

　　其中三级富集区的盐分浓度最高，电导率是淡化区的百倍以上。可利用多孔吸附材料制成析盐柱，在三级富集区位置吸取浓盐溶液，将吸饱和浓盐的析盐柱移离土壤，便可实现盐、土彻底分离。

　　盐碱地治理的最高目标是盐、土彻底分离，将盐直接从土壤中取出，使土壤永久性淡化。连续灌溉的灌溉机制在土壤中制造了一个盐分定向运移条件，使盐分由混乱度最大的无序分布逐步变为混乱度较小的定点富集。该过程是一个热力学第二定律的逆过程，是一个熵减过程，它从理论上支持盐、土彻底分离的治理盐碱地的方法，并使该方法成为有希望的潜在新技术。但是，真正实现盐、土分离，使受害土壤永久性淡化尚需做大量的实验研究和理论探索。目前，这方面的工作正在逐步开展，在研究使盐碱地的盐、土彻底分离的同时，也在探讨将重金属离子从受污染土壤中彻底分离出来的可能性。

## 8.2　微润管在加气灌溉中的应用

　　加气灌溉是指灌溉系统同时具有向土壤加气功能的灌溉方式，是连续灌溉系统水肥一体化后，实现的水气一体化，是灌溉系统功能多元化的一种新的发展方向。

### 8.2.1　加气灌溉的提出

加气灌溉是根据农业生产的实际需要，依据下述 3 种情况提出的科研课题。

(1)土壤透气性不良。许多耕地的土壤本身透气性不良，也有些耕地由于酸化、盐渍化或耕作管理不当，土壤结构破坏，透气性下降，影响作物根部呼吸及其他一些生理活动的正常进行。

(2)土壤中 $CO_2$ 滞留。根部呼吸产生的 $CO_2$ 不能及时排出。特别是近年来大气 $CO_2$ 浓度上升，使土壤、空气中的 $CO_2$ 分压有所上升，浓度增加，抑制了根部呼吸[16]。

(3)土壤水分局部饱和。这种情况在雨后的黏重土壤中时有发生，在地下滴灌情况下，每个滴头附近均有一个饱和区，滴灌速度越高，饱和区体积越大。由于滴头附近恰好是根密集区，饱和区的出现对作物生长有较大影响，也影响了地下滴灌系统技术优势的发挥。

给土壤内部加气是解决上述问题的有效方法。目前多数研究均是以地下滴灌管作为加气管，将加气功能附加于灌溉系统上，主要有 3 种技术路线：①直接加气法。在地下灌溉首部增设小型空气压缩机，将压缩空气送入灌溉系统中，压缩空气沿滴灌管输送，通过各个滴头进入土壤，在土壤空隙中流动分散。②化学法。将一定量的 $H_2O_2$ 溶入灌溉水中,制成低浓度水溶液，经地下滴灌系统滴入土壤中。$H_2O_2$ 在土壤中自动分解后释放出 $O_2$，达到增加土壤氧浓度的目的。③微气泡法。使用专用的微气泡设备，在机械力作用下，使空气在水中高度分散形成微气泡。微气泡越小，在水中存留时间越长，$O_2$ 在水中的溶解度也越高。将含微气泡的水经地下灌溉系统灌入土壤中，增加土壤中的空气含量。

### 8.2.2　国内外研究进展

土壤含气条件改善后对作物生长的促进作用明显，增产效果也很显著，所以，加气灌溉成为功能化灌溉的一个热点，近十几年来，国内外进行了大量的研究和探索。例如，牛文全和郭超[17]研究了根际通气对盆栽玉米生长与根系活力的影响，结果表明：每隔两天通气一次($T_1$)和每隔 4 天通气一次($T_2$)与不通气(CK)相比，两种处理均能提高玉米株高、叶面积、叶绿素含量，促进地上部分和地下部分干物质积累。拔节期 $T_1$ 和 $T_2$ 处理的根冠比例分别是 CK 的 1.27 倍和 1.18 倍，根系活力分别为 CK 的 1.26 倍和 1.54 倍。其他生育期也有相似的趋势，同时，通气能促进作物吸收土壤内的养分，促进植株的生长发育。赵旭等[18]研究了番茄基质通气栽培的效果，结果表明：通气可显著改善番茄的根际环境，$CO_2$ 浓度仅为 CK 的 20%，而 $O_2$ 浓度比 CK 增加了 1.17 倍；番茄的株高和茎粗显著增加，分别比 CK 增加了 5.1%和 8.4%；植株的净光合速率比 CK 提高了 13%；根系中 K、Ca、

Mg 含量分别增加了 31%、37%、27%；产量为 CK 的 1.16 倍。杨润亚等[19]研究了根际通气和盐分胁迫对玉米生长特性的影响，结果表明：根际通气在一定程度上能缓解盐水灌溉对植物生长发育的胁迫效应。

国外对加气灌溉的研究开展的较早，研究涉及的范围也比较宽，广泛地研究了根区缺氧的原因，缺氧与土壤盐渍化、灌溉方式的关系，空气在土壤中的运移方式对土壤过程与生物过程的影响，集中探讨了加气对植物多种生理活动的影响，加气的增产潜力及对农艺学技术进步的推动。2005 年，澳大利亚昆士兰大学 Bhattarai 等发表了长篇综述文章[20]，较全面地总结了该领域多年来的研究成果。他认为加气灌溉对促进作物的生长发育及产量增加有很好的正效果，同时可以提高水分利用率，增加营养吸收，改善土壤结构，降低盐碱胁迫等，是一个具有巨大潜力的研究方向，并提出"加氧灌溉正在打开制约作物增产潜力之锁"。

经多年研究，证明了加气灌溉在理论上是可行的，实践效果是显著的，但至今未实现农业应用，主要是需要找到合适的技术载体。

### 8.2.3　存在的问题和可能的解决途径

目前在实验研究及田间示范中，大都是以地下滴灌管为加气设备。地下滴灌几乎是目前唯一既具有灌溉功能又可用于加气的技术载体。

2002 年，Goorahoo 等发现了地下滴灌管加气的"烟囱效应"[21]：加压空气从滴头溢出后，在土壤中形成一条具有固定通道的上升流。空气穿透局部土层直接进入大气。被加气的土壤体积较小，均匀度较差。

2005 年，Bhattarai 等在田间实验中发现，加气促进作物生长的效果止于距气源 35m 范围之内，且距离越远，效果越差，超过 35m 后，作物长势与对照组没有明显差别。其原因是地下滴灌管的压力损失严重，滴头处快速泄压使地下滴灌管保持有效的空气压力的距离很短，从而制约了有效加气的面积，给加气灌溉的推广造成了一定困难。

由于缺少实施加气的技术载体，该项研究停留于科研成果阶段，至今未实现较大面积的农田应用。

微润管的技术特性为加气灌溉提供了以下几种可能的解决途径。

(1)微润管本身是灌溉给水器，具备灌溉功能。微润管是多孔管，内部充气后，空气可穿过微孔向周边释放，具有加气功能。同时，微润管是埋入地下使用的，满足向土壤加气的基本要求。

(2)从灌溉角度来看，微润管属于线源给水器；而从微润管的水分出流行为来看，由于微润管管壁整个外表面同时均匀出水，属于面源出水器，如果用于加气，情况也大致相同。管内加压后，空气通过纳米孔从微润管管壁全部外表面同时均匀地向土壤释放，气流微小，不会产生单股大气流，可完全避免"烟囱效应"。

（3）具有加气功能的微润连续灌溉系统在结构上与普通的微润连续灌溉系统相同，只是在系统中增加一个能产生 $1\sim2kg/cm^2$ 压力的加气泵。平时，该系统在 0.02MPa 水压下进行正常灌溉。需要加气时，启动加气泵，将系统压力升至 0.1MPa 以上进行加气。值得注意的是，与滴灌管等其他多孔管不同，微润管是具有出气阈值的管，阈值为 0.1MPa。当管内气压低于 0.1MPa 时，微润管管壁不漏气，其行为与普通塑料管无差异。只有当管内压力大于 0.1MPa 时，微润管管壁各处同时出气，表现出多孔管的出气行为。

微润管排气阈值的存在，说明它具有保压功能和长距离输气功能。微润管每卷长度为 500m，测试表明，当管的一端加压 0.1MPa 时，500m 外的尾端压力仍为 0.1MPa，压力在传导过程中不发生压力降。当施加压力超过 0.1MPa，如 0.14MPa 时，微润管管壁各处可明显观察到有气体排出，500m 外的尾端会发现压力表摆动，但压力值仍维持在 0.14MPa 左右，没有明显的压力降。说明如果微润管作为加气灌溉管，可将加气有效距离延伸至 500m，使 500m 处的尾端压力与首端压力大体一致，保障了加气的均匀性和有效性。若以 500m 为半径，其覆盖面积达 $785000m^2$ 左右，比现有最大的加气有效半径 35m 的覆盖面积 $3847m^2$ 大 200 倍左右。从而解决了加气管压力降迅速、有效覆盖面积过小的问题。

上述两个问题曾在很长一段时间内阻碍了加气灌溉成果向实际农田应用的转化。微润管的技术特点给出了解决问题的可能性。

众所周知，水、肥、气、热是农业生产条件的要素，这些要素有可调控性。人们通过调节，使之达到预设的最佳值，充分满足作物的生产需要，达到丰产丰收的目的。但是以往的大量工作均聚焦于水、肥调节，对土壤含气量的主动调节研究的较少，在农业生产中几乎还没有实现应用。空气既然作为农业生产的要素，相信通过土壤中空气含量调节，解除根区呼吸制约后，会出现像水调节、肥调节一样令人惊喜的效果。希望微润连续灌溉的加气功能在将来能得到更进一步的研究与应用，希望土壤加气能如学者们期望的那样成为"打开制约作物增产潜力之锁"的一把有用的钥匙。

# 第三部分　深入与提高

# 第9章 深入与提高性研究

微润连续灌溉作为一种新的技术方法和灌溉理念，目前已受到国内外专家学者和应用者的关注，他们既从灌溉学、水力学、土壤水动力学、植物生理学等不同角度进行了深入的理论研究，也针对不同作物、不同应用场合、不同使用方法进行了广泛的应用探讨，已形成的论文在多种刊物上发表。很多论文理论研究的深度、学科范围的广度、研究水平的高度等已远远超过作者知识与能力所及的范畴。这些研究丰富了微润连续灌溉的内涵，拓宽了微润连续灌溉的研究视野，补足了原有工作的不足，使连续灌溉技术的方法和理论由不完善逐渐走向完善，由不成熟慢慢趋向成熟，对连续灌溉技术的系统化和理论化起到了很大的推动与促进作用，已成为连续灌溉发展历程中的一个重要部分。本章以详细摘要的方式进行综合概述，力图将专家学者的主要观点及研究进展表达出来，使本书较完整地反映连续灌溉学的研究全貌和迄今为止的发展现状。所引用内容全部源于国内刊物公开发表的文章及学术交流会议论文。

## 9.1 中国农业大学中国农业水问题研究中心的研究工作

国内最早关注半透膜灌溉技术的是康绍忠院士的技术团队——中国农业水问题研究中心。早在实验室研究阶段的初期，康绍忠院士就多次了解和关注半透膜灌溉技术，就关键性问题进行指导并提出建议，利用中国农业大学的先进仪器设备对样品进行原理性与功能性测试，并安排了产品的田间应用研究。当时所谓的"产品"实际上只是实验室内半手工制作的样品，实验结果并不理想，但通过测试看清了将半透膜技术直接应用于农业灌溉的可行性和将半透膜技术引入灌溉领域的可能性。

2008年，杨文君等[22]发表了《半透膜节水灌溉技术的研究进展》的综述文章，介绍了半透膜材料的功能及将这种功能性材料应用于农业灌溉的方法，详述了研究工作的进展，提出了深入研究的方向和主要内容。这是国内第一篇公开发表的半透膜灌溉技术研究方向的文章。文章指出：半透膜技术作为近年来迅速崛起的一项新的实用技术，已成功应用于食品工业、环境保护、水处理等领域并发挥着重要作用，针对我国严峻的缺水现状及现代节水农业发展的需求，将半透膜技术应用到节水灌溉领域是膜技术发展的必然趋势与客观要求。半透膜灌溉系统充分利用功能性膜材料的技术特性，以地下供水方式向植物的根部直接供水，并且根据作物的吸水速度进行自动实时灌溉，是一种基于生命需水信息的作物高效用水的调控技术。该系统无须外加机械动力驱动和人为管理，在简化灌溉系统的同时实现了自动化，具有良好的应用和开发前景。

在反复试验的基础上，2013 年，魏镇华等[23]将中国农业水问题研究中心的主要研究方向——根系分区交替灌溉与微润连续灌溉进行了组合研究，用微润连续方式给水，交替方式控水，以刺激作物根系吸水功能和改变根区剖面土壤湿润方式为核心，调节气孔开度，减少作物"奢侈"蒸腾，提高水分利用率，从而达到节水高产。研究工作在农业部作物高效用水武威科学观测实验站进行，种植作物为大田番茄。

研究结果表明：

(1)在微润连续灌溉条件下，交替控制部分根区湿润和干燥明显刺激了番茄根系吸收的补偿效应，增强了其从土壤中吸收水分的能力，且间隔 2 天交替控水的微润连续灌溉较常规微润连续灌溉耗水量减少了 11.6%，充分表明交替控水条件下微润连续灌溉具有更大的节水潜力。

(2)在微润连续灌溉条件下，番茄根环绕着 15cm 埋深的微润管，主要集中在 0～30cm 的土层。相比常规微润连续灌溉，间隔 2 天交替控水的微润连续灌溉促进了番茄根系的生长发育，有效抑制了地上部分的营养生长，根冠比提高了 12.86%，同时促进了生殖生长，水分利用率提高了 28.76%，果实产量减少不显著，是田间实施根系分区交替灌溉的可行方式之一。

## 9.2　中国科学院水利部水土保持研究所、西北农林科技大学、中国科学院大学等的深入研究

微润连续灌溉技术研究课题被列入"十二五"规划、"863 计划"后，牛文全研究员作为总项目负责人，带领由中国科学院水利部水土保持研究所、西北农林科技大学、中国科学院大学 3 个单位成员组成的科研团队进行了大量研究工作。他们从半透膜灌溉研究的最初阶段一直坚持到今天。6 年来先后进行了微润连续灌溉线源入渗特性、压力水头对土壤水分运动特性的影响、埋深与压力的影响、矿化度及初始含水率对入渗特征的影响等多方面的研究，建立了微润连续灌溉土壤湿润锋运移模型，并运用田间试验结合不同作物进行了应用性研究。这些理论探讨和实验研究为半透膜灌溉提供了最初的基本技术参数和水利学行为描述，为深入研究和实际应用开启了一个良好的开端。研究工作取得的主要成果可概述为以下几个方面。

### 9.2.1　压力与流量的关系

对灌溉而言，微润管是线源给水器，但是对微润管自身而言，它是面源出水，其管壁是 360°范围内同时有水分出流的，出水通道是众多的纳米级微孔，其出流行为与通过专设流道单孔出流的滴灌显然有很大差异。

研究表明，微润连续灌溉流量与压力呈线性关系[1]（图 9.1）：

$$y=Ax+B \tag{9.1}$$

式中，$y$ 为单位时间流量，$mL/(m \cdot h)$；$x$ 为系统工作压力，m 水柱；$A$、$B$ 为与土壤种类有关的系数，在黏壤土中：

$$A=64.84 \quad B=25.61$$

$$y=64.84\,x+25.61 \quad R^2=0.995$$

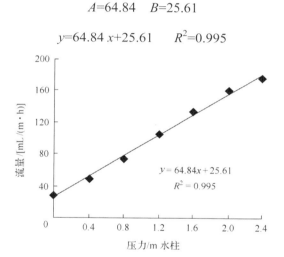

图 9.1　微润连续灌溉压力与流量的关系曲线

对滴灌而言，若某滴头的流态指数为 1，说明其流道设计出现了失误，使滴头的使用性能变得很差。但对微润连续灌溉而言，流态指数为 1 恰恰是其突出的优点。流态指数为 1，说明微润管是一种对压力非常敏感的给水器，压力的微小变化均可引起出流量的响应。当压力以厘米数量级变动时，出水量以毫升数量级做出响应，出水量可精确调节。

由于自变量压力是一个连续变量，决定了微润管的流量在工作压力范围内是一个连续变量。这意味着在灌溉过程中，微润管单位时间的流量可以任意取值，随时变动，以满足不同作物不同生长期的水量需求。微润管既没有固定的滴头，也没有固定的流量，因此，微润连续灌溉系统也没有一个固定的工作压力，这一点与固定流量的给水器有很大的差异，也是半透膜管可以作为连续灌溉给水器的关键技术要素。连续灌溉的全过程是通过一系列变化的压力实现的，压力变化的依据即式(9.1)，通过压力变化调节灌溉系统的出水量，准确控制即时的土壤湿度和湿润体体积。

### 9.2.2　湿润体

湿润体是指灌溉水引起土壤含水率升高部分的土体，其形状、体积、水分分布及灌溉均匀度均会对作物造成影响，是灌溉品质的重要构成部分。

1) 形状

微润管在土壤中形成以微润管为中心的圆柱形湿润体。在均匀土壤中，湿润体的横剖面为正圆形，说明在灌溉过程中土壤未产生重力水，水分向上、下及水平3个方向的运移距离比为1∶1∶1。湿润体的形状与土壤质地无关、与土壤的初始含水率无关、与灌水时间长短无关，但与给水速度密切相关，过高的给水速度会使湿润体变形[24, 25]。

2) 体积

在标准工作压力下湿润体体积可用式(9.2)表述

$$V = a\pi t^b L \tag{9.2}$$

式中，$V$ 为土壤湿润体体积，m³；$t$ 为灌水时间，h；$L$ 为微润管线源长度，m；$a$、$b$ 为与土壤质地有关的拟合参数。

可见，湿润体体积与时间有关，在不考虑外界消耗的情况下，灌水时间越长，湿润体体积越大。

3) 水分分布及灌溉均匀度

湿润体内含水率呈同心圆状分布，以微润管为圆心的等值线基本为圆形，内密外疏。靠近微润管附近的土壤含水率最高，在额定工作压力下，土壤含水率介于饱和含水率与田间持水率之间。单位时间内给水率越大，微润管附近土壤含水率越高，在正常工作压力下不会产生重力水。但是若系统压力过高，出水速度过大，将出现重力水，土壤含水率局部超过饱和含水率，使湿润体变形，灌溉均匀度变差。

灌溉均匀度可采用克里斯金森均匀系数计算：

$$C_u = 1 - \frac{\sum_{i=0}^{n} |\theta_i - \overline{\theta}|}{\overline{\theta}}$$

式中，$C_u$ 为灌水均匀度系数；$\overline{\theta}$ 为平均土壤含水率，%；$\theta_i$ 为第 $i$ 个取样点的土壤含水率，%；$n$ 为取样点个数。

在微润连续灌溉条件下，灌水均匀度一般可达 80%~90%，按照现行《节水灌溉技术规范》(SL 207—1998)中灌溉系统 $C_u > 70\%$ 的规定，微润连续灌溉属于高均匀度节水灌溉技术。

　　影响灌水均匀度的主要因素是供水速度。供水速度越高，土壤湿度梯度越大。灌水均匀度随供水速度的提高而降低。对于微润连续灌溉而言，不同质地的土壤均有一个供水速度的阈值。当供水速度超过此阈值时湿润体内开始出现重力水，湿润体剖面的正圆形被破坏，变为水母形。水分的有效利用率下降。此时，供水速度越大，水分浪费越多。

### 9.2.3　土壤湿润锋运移模型

　　在质地均匀的土壤中，微润连续灌溉湿润锋向上、下及水平 3 个方向的运移距离比无明显差异[1, 25-27]，基本为 1 : 1 : 1 的比例，为表述简洁，以向水平方向运移为例进行说明。

　　1）土壤容重与湿润锋运移距离

　　土壤容重对湿润锋运移距离有明显影响。研究发现，湿润锋水平运移距离 $Rx$ 与入渗时间 $t^{0.5}$ 呈线性关系：

$$Rx = At^{0.5}$$

式中，$A$ 为水平入渗系数，其大小与土壤容重 $r_d$ 之间为线性关系。通过对实验分析的拟合，得到下述关系：

$$Rx = (11.35 - 0.75r_d)t^{0.5} \qquad R^2 \approx 0.992$$

　　2）初始含水率与湿润锋运移距离的关系

　　经实验研究及分析发现，土壤湿润锋水平运移距离与初始含水率 $\theta$ 关系密切，随 $\theta$ 的增大而增大。$\theta$ 越大，湿润锋推进越快，相同时间内形成的体积越大，同时，湿润锋运移距离与入渗时间 $t^{0.5}$ 之间呈线性关系：

$$Rx = (1.014 + 12.62\theta)t^{0.5} \qquad R^2 = 0.991$$

　　3）埋深与湿润锋运移距离的关系

　　研究发现，在土壤条件相同的情况下，不同埋深（5～20cm）范围内，入渗系数均约为 2.105。说明埋深对湿润锋运移距离影响较小。

　　4）压力水头与湿润锋运移距离的关系

　　在土壤条件相同的情况下，湿润锋运移距离随着压力水头 $h$ 的增大而增大，但相邻压力水头间增幅越来越小。与土壤容重 $r_d$ 及初始含水率 $\theta$ 影响相似，土壤湿润锋运移距离与入渗时间 $t^{0.5}$ 也呈线性关系，拟合关系为

$$Rx = (0.805 + 0.002h)t^{0.5} \qquad R^2 = 0.972 \tag{9.3}$$

　　土壤湿润锋运移距离是灌溉工程布置的重要依据。通过上述分析可知，水平

入渗系数分别与土壤容重 $r_d$、初始含水率 $\theta$、压力水头 $h$ 呈线性关系。同时对 15 组黏壤土微润连续灌溉入渗数据求得每组实验的入渗系数 $A$。在此基础上，再考虑不同因素组合对 $A$ 的影响，建立了 $A$ 的综合预测模型：

$$A = a_1 r_d + a_2 \theta + a_3 h + a_4 \tag{9.4}$$

式中，$a_1$、$a_2$、$a_3$、$a_4$ 均为拟合参数。

由于不同因素条件下入渗系数与入渗时间 $t^{0.5}$ 之间呈线性关系，将入渗系数 $A$ 的值和土壤容重 $r_d$、初始含水率 $\theta$、压力水头 $h$ 等代入式(9.3)和式(9.4)，运用 SPSS 拟合得出参数，可得到微润灌溉土壤湿润锋水平运移距离 $Rx$ 的预测模型为

$$Rx = (-7.030 r_d + 0.089 \theta + 0.004 h + 10.054) t^{0.5}$$

用该式计算不同因素组合条件下入渗系数 $A$ 的预测值，并与实验所得值进行比较，其结果见表 9.1。

表 9.1　不同因素组合条件入渗系数 $A$ 的预测值与实验值比较结果表

| $r_d / (\mathrm{g/cm^3})$ | $\theta / \%$ | $h / \mathrm{cm}$ | $A$ 的预测值/cm | $A$ 的实验值/cm | 误差/% |
|---|---|---|---|---|---|
| 1.30 | 2.1 | 180 | 1.82 | 1.78 | 2.35 |
| 1.35 | 2.1 | 180 | 1.47 | 1.41 | 4.65 |
| 1.40 | 2.1 | 180 | 1.12 | 1.03 | 8.63 |
| 1.35 | 2.1 | 180 | 1.47 | 1.38 | 6.12 |
| 1.35 | 5.6 | 180 | 1.78 | 1.72 | 3.56 |
| 1.35 | 8.0 | 180 | 2.00 | 2.02 | −1.39 |
| 1.35 | 10.0 | 180 | 2.17 | 2.28 | −4.50 |
| 1.35 | 2.1 | 60 | 0.99 | 0.93 | 7.07 |
| 1.35 | 2.1 | 120 | 1.19 | 1.14 | 4.88 |
| 1.35 | 2.1 | 180 | 1.47 | 1.39 | 5.44 |
| 1.35 | 2.1 | 240 | 1.67 | 1.50 | 11.73 |

## 9.2.4　应用参数及效果研究

微润连续灌溉作为地下灌溉，微润管的埋深是第一位的应用参数，它关系到这项新技术能否被正确使用及能否取得应有的使用效果的问题。牛文全团队以番茄为研究对象，用温室种植的标准实验方法研究了微润管不同埋深(10cm、15cm、20cm)对作物生长和土壤水分两方面的影响，详细检测比较了对作物株高、茎粗、光合速率、单叶水分利用率、气孔导度及蒸腾速度的影响，探讨了不同埋深条件下的耗水规律、土壤水分动态、水分利用率及对产量的影响[28]。研究指出：埋深过浅，即 10cm 时(由于湿润体上缘露出地表，地面局部湿润)，导致部分水分在

地面无效蒸发；埋深过深，即 20cm 时，湿润体深入主根区以下，相当于深层渗漏。这两种情况下的水分分布状态均不利于作物生长，均使作物各项生理指标及水分利用率下降。对于像番茄这种主要根区分布于 0～30cm 的作物，微润管的最佳埋深应是 15cm。该埋深使上述各项指标达到优化值，使水分利用率和产量达到最大值。

除对微润管的各项技术参数进行系统研究外，还将微润连续灌溉与滴灌进行了对比研究。在轻度盐渍化土壤中种植玉米的研究表明：微润连续灌溉是一种合理的给水方式，在长达 10 天的测试期内，土壤含水率始终保持在 20%左右，既无水分亏缺又无水分过量，这种灌溉形态显然优于含水率忽高忽低的灌溉效果。在测试期内，直接浇灌最高土壤含水率达 28%，高于田间持水率；最低只有 10%左右，接近萎蔫系数，波动幅度大，旱涝交替胁迫明显。滴灌总的趋势与浇灌相似，但变动幅度较小。

供水品质的改善使供试玉米发育成矮壮型植株，生理活动旺盛，对比数据见表 9.2。

**表 9.2　不同灌溉方式下玉米生理生态指标对比结果**

| 灌溉方式 | 株高日最大增长量/(cm/d) | 叶面积日最大增长量/(cm²/d) | 茎粗日最大增长量/(cm/d) | 光合速率/[μmol/(m²·s)] | 总灌水量/mm |
|---|---|---|---|---|---|
| 直接灌溉 | 2.55 | 147.81 | 0.302 | 100 | 330 |
| 微润连续灌溉 | 3.71 | 156.31 | 0.501 | 158 | 230 |
| 滴灌 | 2.84 | 153.19 | 0.358 | 125 | 255 |

总之，灌水方式对玉米生理生态指标有较大影响，三种不同的灌水方式对比结果表明，微润连续灌溉是一种合理的灌溉方式。

# 9.3　中国水利水电科学研究院及太原理工大学的共同研究工作

中国水利水电科学研究院的江培福及太原理工大学的邱照宁、肖娟等自行设计了专用实验设备，深入研究水温对低压微润连续灌溉水分出流的影响及微润管空气出流行为及制造偏差[29,30]。研究者认为：由于流道尺寸的限制，一些常规尺寸下的实验手段难以得到应用，现在国内外针对微小流道中流体的流动机理并没有统一和权威的观点。

## 9.3.1　水温对微润管出流量的影响

原子表面呈现出高能、高应力状态，这种状态决定了其表面具有表面张力。

在直圆管中，表面张力产生的压差可表示为

$$\Delta P = 2\sigma\cos\theta / r$$

式中，$\sigma$ 为表面张力系数；$r$ 为孔隙半径；$\theta$ 为液面与管壁的接触角。

利用 Vargaftik 方程可精确地描述 $\sigma$ 随温度变化的规律：

$$\sigma = B\left(\frac{T_c - T}{T_c}\right)^{\lambda}\left[1 + b\left(\frac{T_c - T}{T_c}\right)\right]$$

式中，$T_c$=647.15；$B$=0.235；$\lambda$=1.235；$b$=0.625。

此方程反映了水表面张力系数随温度的升高而减小。温度的变化直接引起微润管管壁内外压差的变化。温度越高，表面张力越小，微润管管壁内外压差越小，微润管内的水越容易克服阻力从纳米孔渗出，使出流量增大；反之，温度越低，表面张力增大，微润管管壁内外压差增大，微润管内的水越难克服阻力从纳米孔渗出，使出流量减小。

通过实验研究水温变化对出流量影响的定量分析结果表明，微润管在空气中出流量随时间的变化趋势和水温随时间的变化趋势十分一致。采用 SPSS 软件对两组数据进行相关性分析，结果显示：1m 水头和 2m 水头的水分出流量和水温在 0.01 水平上都显著相关，两者呈正相关关系。温度变化 1℃时，1m 水头水分出流量改变量为 5.89mL，2m 水头水分出流量改变量为 9.26mL，压力水头越大，温度对其水分出流影响越大。可把此结果作为微润管出流量受温度影响的预报参数。

### 9.3.2　微润管出流量与制造偏差研究

设定 0.5m、1m、2m 3 种压力水头对微润管在空气中的水分出流行为进行研究(图 9.2)发现：

(1)微润管水分出流在时间上存在诱导期，该实验微润管的诱导期为 21h。诱导期后，不同压力水头下微润管累积出流量明显不同，随压力水头增大，出流量差别逐渐增大。

(2)诱导期 21h 过后，微润管水分出流量随时间沿出流量平均值上下波动，波动由日温度变化引起，与日温度变化规律相吻合。0.5m、1m、2m 水头下水分出流量均值分别为 52.00 mL/(m·h)、97.60 mL/(m·h)、158.60mL/(m·h)，与根据累积出流量斜率所求得的平均出流量值基本一致，相差均小于 6%[24]。

(3)微润管单位时间出流量与工作压力成正相关关系，即随着压力的升高呈增大趋势。流态指数为 0.81，表明灌水器内水流流态为光滑流，出流量受压力影响较大。

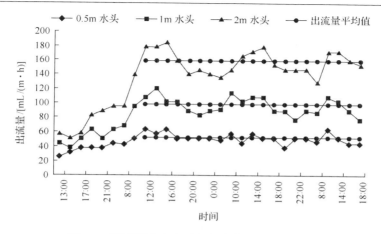

图 9.2 不同压力水头下水分出流量与时间关系

（4）微润管制造偏差。灌水器制造偏差是衡量灌水器质量的一个重要参数，直接影响系统灌水质量的好坏。可以用流量制造偏差系数表示：

$$C_v = \frac{S_q}{\overline{q}} \times 100\% \tag{9.5}$$

$$S_q = \sqrt{\frac{\sum_{i=1}^{n} q_i^2 - \frac{1}{n}\left(\sum_{i=1}^{n} q_i\right)^2}{n-1}} \tag{9.6}$$

式中，$C_v$ 为试样流量制造偏差系数，%；$S_q$ 为试样流量标准偏差，mL/h；$\overline{q}$ 为试样的平均流量，mL/h；$q_i$ 为第 $i$ 个样品的出水量，mL/(m·h)；$n$ 为样品数量。

按式（9.5）和式（9.6）求出 3 卷微润管试样分别在 1m 和 2m 压力水头下的平均出流量、流量标准偏差和流量制造偏差系数（表 9.3）。从表中可以看出，微润管流量制造偏差系数均小于 9%，表明该实验所用微润管均属于优良等级。2m 压力水头条件下微润管的流量制造偏差系数均小于 1m 压力水头下的流量制造偏差系数。

表 9.3 不同水头下不同微润管的制造偏差

| 压力水头 | 参数 | 试样一 | 试样二 | 试样三 |
|---|---|---|---|---|
| 1m | 平均出流量/(mL/h) | 22.74 | 24.01 | 27.77 |
| | 流量标准偏差/(mL/h) | 1.97 | 0.80 | 1.26 |
| | 流量制造偏差系数/% | 8.64 | 3.35 | 4.52 |
| 2m | 平均出流量/(mL/h) | 42.67 | 45.15 | 46.43 |
| | 流量标准偏差/(mL/h) | 2.93 | 1.41 | 1.30 |
| | 流量制造偏差系数/% | 6.94 | 3.13 | 2.30 |

## 9.4　武汉大学及武大云水工程技术公司的深入研究

武汉大学的罗金耀带领其科学技术团队的李小平、连威、董文楚及武大云水工程技术公司的曾俊泽、程杰、徐庆、鞠珊等，从土壤水动力学角度出发，从理论和实验两方面对微润连续灌溉的原理和水分出流行为进行了深入研究。

研究认为：对于传统的节水灌溉方法而言，无论是自动化、地下灌溉、精细化还是智能化，都是根据预先制定的灌溉制度，人为设定灌溉水量，定时定量地对作物实施"被动式"灌溉，在灌水量和灌水时机上与作物实际需求存在一定偏差。因此，要推动节水灌溉技术的进步，需突破现有的"被动式"灌溉理论，探索由作物主动吸水的"主动式"灌溉新理论与新方法[31]。

### 9.4.1　微润连续灌溉技术机理分析

文章通过系统运行能力分析，确认微润连续灌溉系统能够在低压、无压甚至是负压条件下实现连续运行的原理，构建了微润管通量公式，并由此分析微润连续灌溉系统能够实现自适应调控的机理。

根据达西定律可知，水总是从总水势较高处流向总水势较低处。要使水从微润管内流向微润管外的土壤中，则需满足微润管内总水势大于微润管外总水势的条件，即

$$\psi_{in} > \psi_{out} \text{ 或 } H - h > 0 \tag{9.7}$$

以下就对忽略微润管水流阻力情况下的工作压力水头 $H$ 进行分类讨论。

1) 正压 ($H>0$)

在正压灌溉条件下，水源的水位高于微润管。虽然土壤水的基质势(非饱和状态)为负值(即负压水头 $h<0$，$H+h>0$ 为正值)，但微润管内总水势大于微润管外总水势，按式(9.7)，灌溉可以一直进行。对于微润连续灌溉而言，由于毛管的流量微小，工作压力水头 $H$ 可以是很小的正值，即在低压条件下也可以运行。正压灌溉情况下的驱动力为工作压力水头 $H$ 和负压水头 $h$。

2) 无压 ($H=0$)

在无压灌溉条件下，水源水位与微润管处于同一高度($H=0$)且土壤处于饱和状态，土壤水的基质势为零(即负压水头 $h=0$)，此时微润管内外水势梯度为零，式(9.7)不能成立，水流通量为零，即水不能从微润管内流向土壤，灌溉不能进行。若土壤处于非饱和状态，此时土壤水的基质势为负值(即负压水头 $h>0$)，此时式(9.7)成立，灌溉可以进行。无压灌溉情况下的驱动力仅有土壤水吸力(或负压水头)。

3) 负压（$H<0$）

在负压灌溉条件下，水源水位低于微润管，微润管的工作压力水头 $H<0$。对处于饱和状态下的土壤，土壤水的基质势为零（即负压水头，$h=0$），此时微润管内外水势梯度为零，式（9.7）不成立，水流通量为零，水不能从微润管内流出。若灌溉的土壤处于非饱和状态，此时土壤水的基质势为负值，负压水头 $h>0$，此时灌溉能否进行，要看式（9.7）能否成立。对于微润管外的土壤来说，由于需要灌溉的土壤含水率一般介于田间持水率和萎蔫系数之间，相应的土壤水基质势为 $-0.33\sim$ $-15\text{bar}$[32]，即对应的土壤水吸力为 $3.3\sim150\text{m}$。虽然微润管内的工作压力水头 $H$ 为负值，但在土壤含水率比较低的情况下，$H-h>0$ 是可以成立的，通过调整水源水位的高度，改变工作压力水头 $H$，总能使 $H-h>0$ 成立，即使负压灌溉能够发生。负压灌溉条件下系统的驱动力是土壤水吸力（负压水头）。

## 9.4.2　自适应调控机理

### 1. 微润管通量方程的建立

微润连续灌溉技术之所以能够实现连续灌溉，根本原因在于微润连续灌溉系统能够进行自适应调控。灌溉过程中"微润管–土壤–作物"构成的灌溉系统处于动态平衡状态，微润管的灌水速率等于作物的耗水速率，土壤含水率保持动态平衡。当外界环境改变时，微润连续灌溉系统可根据作物不同的耗水速率，改变系统的灌水速率，即进行自适应调控，使系统的灌水速率等于作物的耗水速率。不但能使土壤含水率保持在一个适宜作物生长的水平，满足作物的生长需要，而且能最大限度地降低灌水损失。

由 9.4.1 可知，微润连续灌溉系统的驱动力由两部分组成，一部分是微润管内的压力水头，另一部分是微润管外与微润管外壁接触处的土壤水的基质势（即负压水头）。根据达西定律可知，通过单位长度（取 1m 为单位）微润管的水流通量为

$$q_e = k_e H - k'_e \Psi_m \qquad (\text{或} q_e = k_e H - k'_e h)$$
$$q_e = k_e \cdot (H - k_0 \Psi_m) \qquad [\text{或} q_e = k_e \cdot (H + k_0 h)]$$

$$(9.8)$$

$$k_0 = \frac{k'_e}{k_e} \qquad\qquad Q_e = q_e \cdot L \qquad (9.9)$$

式中，$Q_e$、$q_e$ 分别为微润管的流量和通过单位长度微润管的水流通量，$\text{m}^3/\text{h}$；$\Psi_m$、$h$ 分别为与微润管外壁接触土壤水的基质势、负压水头，m；$H$ 为微润管的工作压力水头，m 水柱；$k_e$、$k'_e$ 分别为微润管管内压力（工作压力）和管外压力（土壤水吸力）下的流量系数，$\text{m}^2/\text{h}$ 或 $\text{L}/(\text{h}\cdot\text{m})$，与微润管的结构、厚度、管径有关；$k_0$ 为

微润管在管外压力(土壤水吸力)和管内压力(工作压力)下的流量系数比;$L$ 为微润管的长度,m。

式(9.8)、式(9.9)即为微润管通量方程。由微润管通量方程可以看出,微润管的水流通量是工作压力和土壤水吸力的函数,随着土壤水吸力的增大,土壤含水率逐渐减小。微润管的水流通量也是土壤含水率的函数,随土壤含水率的增大而减小,这是微润连续灌溉系统能够自适应调控的根本原因。

2. 自适应调控过程

微润连续灌溉系统工作一段时间后,"微润管–土壤–作物"构成的灌溉系统处于动态平衡状态,微润管的灌水速率等于作物的耗水速率,土壤含水率保持动态平衡。当外界环境改变时,微润连续灌溉系统的灌水速率能够依作物的耗水速率的改变而改变,对灌水速率进行自适应调控,使之与作物的耗水速率一致。自适应调控过程可分为如下两种情形。

1)情形 1:当灌水速率大于作物的耗水速率时

在灌溉刚开始时,土壤含水率为一个介于萎蔫系数和田间持水率之间且接近萎蔫系数的值时,由于土壤含水率较低,土壤水吸水力较大,即负压水头较大,则微润管的水流通量就比较大,即在单位时间内由微润管灌溉进入土壤的水量较多。这时由微润管灌水而使土壤含水率增大的速率大于作物消耗土壤水的速率。随着灌水的不断进行,土壤含水率逐渐增大,土壤水吸力随之逐渐减小,微润管的水流通量也不断减小,进入土壤的水量也逐渐减小。随着灌溉的延续,灌水速率逐渐接近直至等于作物的耗水速率,这时微润连续灌溉系统水量变化就达到了动态平衡。

2)情形 2:当灌水速率小于作物的耗水速率时

微润连续灌溉系统达到动态平衡之后,如果环境条件发生改变,作物的耗水速率也会随之发生改变,从而导致动态平衡被破坏。例如,气温升高会导致作物的耗水速率增大,这时,微润连续灌溉系统的灌水速率就小于作物的耗水速率。也就是说,微润连续灌溉系统灌水使土壤含水率增加的速率小于作物耗水使土壤含水率减小的速率,从而导致土壤含水率降低。土壤含水率降低,土壤水吸力(负压水头)就会随之增加,从而导致微润管的水流通量增加。随着灌溉的进行,土壤含水率进一步降低,微润管的水流通量进一步增大,直至微润管灌水使土壤含水率增大的速率逐渐接近并最后等于作物消耗土壤水而使土壤含水率减小的速率。这时微润连续灌溉系统又重新达到动态平衡。

这一自适应调控过程如图 9.3 所示。

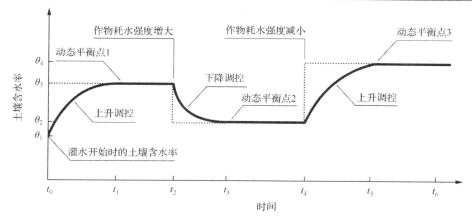

图 9.3　微润灌溉系统自适应调控示意图

灌溉过程从 $t_0$ 时刻开始，由于此时土壤含水率低于动态平衡点的含水率(土壤含水率为 $\theta_1$，动态平衡点的土壤含水率为 $\theta_3$)，系统处于不平衡状态；在水势差的驱动作用下，系统开始向平衡点进行上升调控($t_0 \sim t_1$ 时段)。土壤含水率在 $t_1$ 时刻达到动态平衡点的土壤含水率 $\theta_3$，系统达到动态平衡状态 1($t_1 \sim t_2$ 时段表示系统处于动态平衡状态 1)。

在 $t_2$ 时刻，由于环境条件改变(如温度升高导致作物的耗水速率增大)，动态平衡点的土壤含水率降低为 $\theta_2$，土壤含水率 $\theta_3$ 大于动态平衡点的土壤含水率 $\theta_2$，系统处于不平衡状态；于是系统开始下降调控($t_2 \sim t_3$ 时段)，在 $t_3$ 时刻，土壤含水率等于动态平衡点的土壤含水率，系统达到动态平衡状态 2($t_3 \sim t_4$ 时段表示系统处于动态平衡状态 2)。

在 $t_4$ 时刻，由于环境条件改变(如温度降低导致作物的耗水速率减小)，动态平衡点的土壤含水率升高为 $\theta_4$，土壤含水率 $\theta_2$ 小于动态平衡点的土壤含水率 $\theta_4$，系统处于不平衡状态；于是系统开始上升调控($t_4 \sim t_5$ 时段)，在 $t_5$ 时刻，土壤含水率等于动态平衡点的土壤含水率，系统到达平衡状态 3($t_5 \sim t_6$ 时段表示系统处于动态平衡状态 3)。

综上所述，微润连续灌溉系统自灌溉开始，便逐渐向动态平衡趋近。当环境条件改变、作物的耗水速率变化时，微润连续灌溉系统能够自发地趋向新的动态平衡，从而实现自适应调控。

### 9.4.3　动态平衡点

由以上分析可知，微润连续灌溉系统的动态平衡点是随着外界条件的变化而改变的，即处于动态平衡时的土壤含水率是随作物耗水量的变化而改变的。通常情况，农田灌水的上、下限以田间持水率和萎蔫系数控制。适宜某种作物生长的土壤水分状态介于萎蔫系数和田间持水率之间的某个区间，如 70%～80%，在这种含水率条件下，土壤水、气比例最适于该作物生长。不同的作物、不同的土壤，有不同的最适宜值，可以通过试验确定。然而，微润连续灌溉系统的动态平衡点能否满足农田灌水的要求，需要进一步讨论。

## 1. 临界水势

为便于分析，在此将微润连续灌溉系统达到动态平衡时微润管外与微润管外壁接触处的土壤水势定义为临界水势，用 $\Psi_d$ 表示，相应点的土壤含水率成为临界含水率，用 $\theta_d$ 表示。总临界水势 $\Psi_d$ 由重力势 $\Psi_g$ 和基质势 $\Psi_m$ 组成的。同样，如果取微润管为参考平面，那么位置水头 $z$ 的大小可忽略。于是，临界水势只含有基质势，即 $\Psi_d = \Psi_m$。因此，临界水势在数值上等于土壤水吸力的负值。

## 2. 动态平衡点的调节公式

由以上分析可知，在动态平衡点，微润管的灌水速率等于作物的耗水速率。假设单根微润管控制的宽度为 $b$，作物的耗水强度为 $a$，如果单根微润管的铺设长度为 $L$，那么动态平衡时微润管的水流通量为

$$Q_{灌} = Q_{耗} = \frac{1}{24} \cdot \frac{1}{1000} abL \tag{9.10}$$

再结合式 (9.8)、式 (9.9)，可得

$$(k_e H + k_e' h) \cdot L = \frac{1}{24} \cdot \frac{1}{1000} abL \tag{9.11}$$

$$h = \frac{1}{k_e'} \left( \frac{1}{24} \cdot \frac{1}{1000} ab - k_e H \right) \tag{9.12}$$

$$H = \frac{1}{k_e} \left( \frac{1}{24} \cdot \frac{1}{1000} ab - k_e' h \right) \tag{9.13}$$

式 (9.12)、式 (9.13) 就是动态平衡点的调节公式。由式 (9.12) 可知，当作物的耗水强度 $a$ 确定以后，可以通过改变压力水头 $H$ 的值来调整负压水头 $h$ 的值，即调整临界水势 $\Psi_d$ 的大小，从而使微润连续灌溉系动态平衡时的土壤含水率满足农田灌水的要求。反之，如果想要使土壤含水率始终等于适宜作物生长的最佳土壤含水率，那么，由式 (9.13) 可知，压力水头 $H$ 的值也是一个确定的值。当作物耗水量发生改变时，压力水头 $H$ 的值也随之改变。

### 9.4.4　负压条件下微润管的性能及渗透系数

为验证微润管在负压条件下的性能，研究者又设计了一种实验装置，避开了直接在土壤中测试时土壤不能提供恒定的负压水头的难题。实验装置示意图如图 9.4 所示。

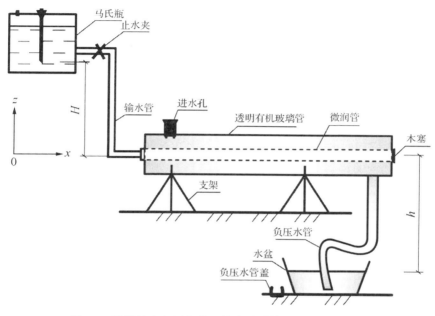

图 9.4　微润管在负压条件下的渗透系数测定装置示意图

经实验测试，在设定的 3 个不同负压水头 0.5m、1.0m、2.0m 下，测定微润管单位时间的渗水量，见表 9.4。

表 9.4　负压条件下单位长度微润管单位时间的渗水量计算表

| 工作压力水头/m | | 单位长度单位时间总渗水量/[mL/(m·h)] | | | 正压条件下单位长度单位时间的渗水量计算值/mL | 负压条件下单位长度单位时间的渗水量计算值/mL |
|---|---|---|---|---|---|---|
| $H$ | $h$ | 处理 1 | 处理 2 | 处理 3 | | |
| 0.2 | −0.5 | 26.9 | 26.9 | 27.1 | 11.3 | 15.7 |
| 0.2 | −1.0 | 42.0 | 39.2 | 45.1 | 11.3 | 30.8 |
| 0.2 | −2.0 | 75.8 | 69.6 | 70.8 | 11.3 | 60.8 |

经数据处理，得到单位长度微润管单位时间的渗水量与负压水头的关系，如图 9.5 所示。

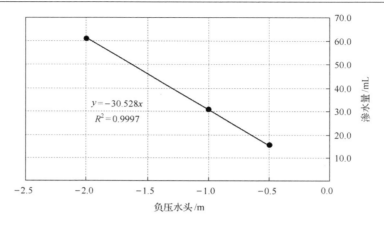

图 9.5　单位长度微润管单位时间的渗水量与负压水头的关系

由图 9.5 可知，微润管不但能在负压条件下实现灌溉，而且单位长度的微润管在单位时间内的渗水量与负压水头 $h$ 的大小呈线性关系，负压水头 $h$ 的绝对值越大，微润管的渗水量越大。

对图 9.4 的数据进行拟合

$$y = 30.5x$$

即

$$q_e = 30.5h\,K_e'$$

据此，可以得出，在负压条件下的渗透系数为

$$K_e' = 30.5$$

此前，在正压条件下测定的渗透系数 $K_e$ 为 $56.3\mathrm{mL/(h\cdot m)}$。可见，微润管在负压水头 $h$ 作用下的渗透系数比在正压水头 $H$ 作用下的渗透系数要小，二者之比为

$$K_0 = \frac{K_e'}{K_e} = \frac{30.5}{56.3} = 0.54$$

### 9.4.5　微润连续灌溉土壤剖面二维非饱和入渗模型

#### 1. 模型的建立

微润连续灌溉条件下的土壤水分运动属于非饱和土壤水分运动。通常情况下，

微润管水平布置，埋深 20～30cm，如图 9.6 所示，土壤水分的入渗方式是平面线源入渗[33]。假定土壤均质、各向同性，且微润管在轴向均质即各处渗透性能相等，则可将该线源入渗问题简化为轴对称二维入渗问题。建立如图 9.7 所示的坐标系，根据达西公式和连续性原理可以推导出土壤水分运动基本方程，其二维入渗的土壤水分运动基本方程为

$$C(h)\frac{\partial h}{\partial t} = \frac{\partial}{\partial x}\left[K(h)\frac{\partial h}{\partial x}\right] + \frac{\partial}{\partial z}\left[K(h)\frac{\partial h}{\partial z}\right] - \frac{\partial K(h)}{\partial z} \tag{9.14}$$

式中，$h$ 为负压水头；$C(h)$ 为容水度；$K(h)$ 为非饱和导水率；$z$ 坐标以向下为正；$x$ 坐标以向右为正。该方程是一个非饱和土壤在直角坐标系中垂直平面上的二维入渗模型。

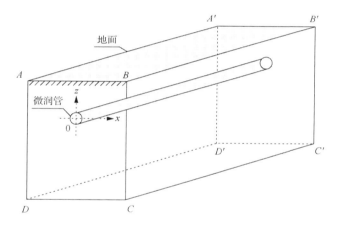

图 9.6  微润管空间位置示意图

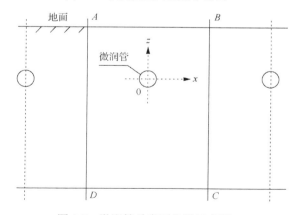

图 9.7  微润管垂直面位置示意图

2. 模型的定解条件

1) 计算区域

如图 9.8 所示,选取图中矩形阴影区域 *ABCDEF* 为计算区域(不包含微润管内部)。其中 *AF*、*ED* 足够深,*BC* 为相邻微润管的分界线。

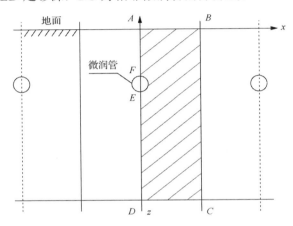

图 9.8　微润连续灌溉二维模型求解区域示意图

2) 初始条件

假设灌水开始前,土壤含水率已知且为一确定的值,那么负压水头 $h$ 为

$$h(x,z,t) = h_0(x,z,0) \tag{9.15}$$

式中,$0 \leqslant x \leqslant x_{BC}$;$z_{CD} \leqslant z \leqslant z_{AB}$;$t=0$,但不包含微润管所在区域。$h_0(x,z,0)$ 为初始时刻计算区域内各点的负压水头。

3) 边界条件

(1) 上边界($AB$)。

上边界可用式(9.16)表示:

$$-K(h)\frac{\partial h}{\partial z} + K(h) = \varepsilon \tag{9.16}$$

式中,$0 \leqslant x \leqslant x_{BC}$;$z = z_{AB}$;$t \geqslant 0$。通常情况下,上边界水分通量 $\varepsilon$ 为蒸发量、降水量、灌水量之和。没有降水、灌水,不考虑蒸发时,$\varepsilon$ 则为零。

(2) 下边界($CD$)。

$ED$ 足够深,且考虑地下水埋深较大,于是可将下边界视为不透水边界:

$$\frac{\partial h}{\partial z}=1 \tag{9.17}$$

式中，$0 \leqslant x \leqslant x_{BC}$；$z=z_{CD}$；$t \geqslant 0$。

（3）左右边界（$AF$、$ED$、$BC$）。

由于对称性，均可看做不透水层：

$$\frac{\partial h}{\partial x}=0 \tag{9.18}$$

式中，$x=0$ 或 $x=x_{BC}$；$z_{CD} \leqslant z \leqslant z_{AB}$（左边界不包括 EF 弧段）；$t \geqslant 0$。

（4）微润管边界。

微润管边界是一个动边界。对于微润连续灌溉系统而言，灌水开始时，水分先透过微润管向外渗透，再通过微润管–土壤边界向周围的土壤中入渗。

①通量方程。

由前面的分析可知，微润管的水流通量由微润管的渗透性能和管内外压力差决定，可用式（9.9）表示。

由微润管通量方程可以看出，微润管的水流通量是工作压力水头和土壤水吸力的函数，且随着工作压力水头、土壤水吸力的增大而增大。因为土壤水吸力是土壤含水率的函数，随着土壤水吸力的增大，土壤含水率逐渐减小，所以微润管的水流通量也是土壤含水率的函数，并随着土壤含水率的增加而减小，这是微润连续灌溉系统能够自适应调控的根本原因。

②边界条件简化。

在直角坐标系中，微润管的圆形边界计算比较复杂，为了简化计算，现将微润管的圆形边界简化为矩形边界，如图 9.9 中阴影部分所示。

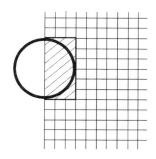

图 9.9　微润管边界处理示意图

但是这种简化造成了微润管周长变长，因此，为了平衡这种变化，将相应的微润管渗透系数乘以边界放大倍数的倒数，得到新的渗透系数 $k_{eb}$、$k'_{eb}$，如式（9.19）和式（9.20）所示：

$$k_{\mathrm{eb}} = \frac{\pi}{4} k_0 ; \quad k_{\mathrm{eb}}' = \frac{\pi}{4} k_{\mathrm{e}}'$$ (9.19)

相应的微润管水流通量公式修正为

$$q_{\mathrm{e}} = \frac{\pi}{4} (k_{\mathrm{e}} H - k_{\mathrm{e}}' \Psi_{\mathrm{m}})$$ (9.20)

③边界条件。

根据以上分析，微润管的 3 条矩形边界均为变流量边界，分别可用式(9.21)～式(9.23)表示。

微润管上边界(水平边界)：

$$-K(h) \frac{\partial h}{\partial z} + K(h) = -\frac{\pi}{4} (k_{\mathrm{e}} H - k_{\mathrm{e}}' \Psi_{\mathrm{m}})$$ (9.21)

微润管右边界(垂直边界)：

$$-K(h) \frac{\partial h}{\partial z} = \frac{\pi}{4} (k_{\mathrm{e}} H - k_{\mathrm{e}}' \Psi_{\mathrm{m}})$$ (9.22)

微润管下边界(水平边界)：

$$-K(h) \frac{\partial h}{\partial z} + K(h) = \frac{\pi}{4} (k_{\mathrm{e}} H - k_{\mathrm{e}}' \Psi_{\mathrm{m}})$$ (9.23)

4)计算区域边界上的土壤水分运动方程

在计算区域的边界上，土壤水分运动实际上是一维的。那么，在水平边界 $AB$、$CD$ 上，$z$ 为定值，土壤水分运动方程(9.14)可简化为水平方向的一维运动方程：

$$C(h) \frac{\partial h}{\partial t} = \frac{\partial}{\partial x} \left[ K(h) \frac{\partial h}{\partial x} \right]$$ (9.24)

在垂直边界 $BC$、$AF$、$ED$ 上，$x$ 为定值，那么土壤水分运动方程(9.14)可简化为竖直方向 $z$ 的一维运动方程：

$$C(h) \frac{\partial h}{\partial t} = \frac{\partial}{\partial z} \left[ K(h) \frac{\partial h}{\partial z} \right] - \frac{\partial K(h)}{\partial z}$$ (9.25)

### 3. 模型的数值解法

根据土壤水动力学的知识可知，容水度 $C(h)$ 和导水率 $K(h)$ 都是 $h$ 的非线性函数，因此式(9.14)、式(9.24)、式(9.25)都是非线性二次偏微分方程。由于采用解析解法比较困难，这里采用数值解法——有限差分法求解。

先将计算区域进行离散化，离散化之后的图如图 9.10 所示。在 $x$ 方向步长为 $\Delta x$，代号为 $i$；在 $z$ 方向步长为 $\Delta z$，代号为 $j$；时间 $t$ 的步长为 $\Delta t$，代号为 $k$。

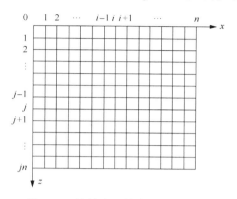

图 9.10　计算边界的有限差分网格

式 (9.14) 在节点 $(i, j)$ 利用交替隐式差分法，可以改写成差分方程。选用交替隐式差分法，可以避免显式差分方程收敛性和稳定性较差的问题，又能减少很大的工作量，节约时间[34, 35]。交替隐式差分法的求解步骤是：首先，在节点 $(i, j)$ 建立两个差分方程，一个是在 $x$ 方向隐式、$z$ 方向显示的差分方程，另一个是在 $x$ 方向显式、$z$ 方向隐式的差分方程；其次，交替求解这两个方程，即先求解其中一个方程形成的方程组，在下一个时段再求解另一个方程形成的方程组。每个方程进行差分时都是单方向进行取隐式，所以每个方程中都仅含 3 个未知量，形成的方程组均为 3 阶，求解比较简单。

1）控制方程的离散化

(1) $x$ 方向隐式、$z$ 方向显示的差分方程。

首先，对式 (9.14) 中的各项进行差分，差分结果如下所示：

$$C(h)\frac{\partial h}{\partial t} = C_{i,j}^{k+1}\frac{h_{i,j}^{k+1} - h_{i,j}^{k}}{\Delta t},$$

$$\frac{\partial}{\partial x}\left[K(h)\frac{\partial h}{\partial x}\right] = \frac{K_{i+1/2,j}^{k+1}(h_{i+1,j}^{k+1} - h_{i,j}^{k+1}) - K_{i-1/2,j}^{k+1}(h_{i,j}^{k+1} - h_{i-1,j}^{k+1})}{\Delta x^2},$$

$$\frac{\partial}{\partial z}\left[K(h)\frac{\partial h}{\partial z}\right] = \frac{K_{i,j+1/2}^{k}(h_{i,j+1}^{k} - h_{i,j}^{k}) - K_{i,j-1/2}^{k}(h_{i,j}^{k} - h_{i,j-1}^{k})}{\Delta z^2},$$

$$\frac{\partial K(h)}{\partial z} = \frac{K_{i,j+1/2}^{k} - K_{i,j-1/2}^{k}}{\Delta z}$$

那么，式 (9.14) 的差分结果为

$$C_{i,j}^{k+1}\frac{h_{i,j}^{k+1}-h_{i,j}^{k}}{\Delta t}=\frac{K_{i+1/2,j}^{k+1}(h_{i+1,j}^{k+1}-h_{i,j}^{k+1})-K_{i-1/2,j}^{k+1}(h_{i,j}^{k+1}-h_{i-1,j}^{k+1})}{\Delta x^2}$$

$$+\frac{K_{i,j+1/2}^{k}(h_{i,j+1}^{k}-h_{i,j}^{k})-K_{i,j-1/2}^{k}(h_{i,j}^{k}-h_{i,j-1}^{k})}{\Delta z^2} \tag{9.26}$$

$$+\frac{K_{i,j+1/2}^{k}-K_{i,j-1/2}^{k}}{\Delta z}$$

其次，将式(9.26)进一步简化为

$$a_{i,j}h_{i-1,j}^{k+1}+b_{i,j}h_{i,j}^{k+1}+c_{i,j}h_{i+1,j}^{k+1}=f_{i,j} \tag{9.27}$$

其中

$$a_{i,j}=\frac{\Delta t}{\Delta x^2}K_{i-1/2,j}^{k+1}$$

$$b_{i,j}=-\left[C_{i,j}^{k+1}+\frac{\Delta t}{\Delta x^2}(K_{i-1/2,j}^{k+1}+K_{i-1/2,j}^{k+1})\right]$$

$$c_{i,j}=\frac{\Delta t}{\Delta x^2}K_{i+1/2,j}^{k+1}$$

$$f_{i,j}=-C_{i,j}^{k+1}h_{i,j}^{k}-\frac{\Delta t}{\Delta z^2}\left[K_{i,j-1/2}^{k}h_{i,j-1}^{k}-(K_{i,j+1/2}^{k}+K_{i,j-1/2}^{k})h_{i,j}^{k}+K_{i,j+1/2}^{k}h_{i,j+1}^{k}\right]$$

$$+\frac{\Delta t}{\Delta z}(K_{i,j+1/2}^{k}-K_{i,j-1/2}^{k})$$

(2) $x$ 方向显式、$z$ 方向隐式的差分方程。

首先，对式(9.14)中的各项进行差分，差分结果如下所示：

$$C(h)\frac{\partial h}{\partial t}=C_{i,j}^{k+1}\frac{h_{i,j}^{k+1}-h_{i,j}^{k}}{\Delta t},$$

$$\frac{\partial}{\partial x}\left[K(h)\frac{\partial h}{\partial x}\right]=\frac{K_{i+1/2,j}^{k+1}(h_{i+1,j}^{k}-h_{i,j}^{k})-K_{i-1/2,j}^{k}(h_{i,j}^{k}-h_{i-1,j}^{k})}{\Delta x^2},$$

$$\frac{\partial}{\partial z}\left[K(h)\frac{\partial h}{\partial z}\right]=\frac{K_{i,j+1/2}^{k+1}(h_{i,j+1}^{k+1}-h_{i,j}^{k+1})-K_{i,j-1/2}^{k+1}(h_{i,j}^{k+1}-h_{i,j-1}^{k+1})}{\Delta z^2},$$

$$\frac{\partial K(h)}{\partial z}=\frac{K_{i,j+1/2}^{k+1}-K_{i,j-1/2}^{k+1}}{\Delta z}$$

那么，式(9.14)的差分结果为

$$C_{i,j}^{k+1} \frac{h_{i,j}^{k+1} - h_{i,j}^{k}}{\Delta t} = \frac{K_{i+1/2,j}^{k}(h_{i+1,j}^{k} - h_{i,j}^{k}) - K_{i-1/2,j}^{k}(h_{i,j}^{k} - h_{i-1,j}^{k})}{\Delta x^2}$$

$$+ \frac{K_{i,j+1/2}^{k+1}(h_{i,j+1}^{k+1} - h_{i,j}^{k+1}) - K_{i,j-1/2}^{k+1}(h_{i,j}^{k+1} - h_{i,j-1}^{k+1})}{\Delta z^2} \tag{9.28}$$

$$+ \frac{K_{i,j+1/2}^{k+1} - K_{i,j-1/2}^{k+1}}{\Delta z}$$

其次，将式(9.28)进一步简化为

$$a'_{i,j} h_{i,j-1}^{k+1} + b'_{i,j} h_{i,j}^{k+1} + c'_{i,j} h_{i,j+1}^{k+1} = f'_{i,j} \tag{9.29}$$

其中

$$a'_{i,j} = \frac{\Delta t}{\Delta z^2} K_{i,j-1/2}^{k+1}$$

$$b'_{i,j} = -\left[ C_{i,j}^{k+1} + \frac{\Delta t}{\Delta z^2} (K_{i,j-1/2}^{k+1} + K_{i,j+1/2}^{k+1}) \right]$$

$$c'_{i,j} = \frac{\Delta t}{\Delta z^2} K_{i,j+1/2}^{k+1}$$

$$f'_{i,j} = - C_{i,j}^{k+1} h_{i,j}^{k} - \frac{\Delta t}{\Delta x^2} \left[ K_{i-1/2,j}^{k} h_{i-1,j}^{k} - (K_{i+1/2,j}^{k} + K_{i-1/2,j}^{k}) h_{i,j}^{k} + K_{i+1/2,j}^{k} h_{i+1,j}^{k} \right]$$

$$+ \frac{\Delta t}{\Delta z} (K_{i,j+1/2}^{k} - K_{i,j-1/2}^{k})$$

2) 计算区域边界方程的离散化

土壤水分在计算区域边界的运动是一维的，故仅采用隐式差分的方法进行离散化。

(1) 上下边界方程的离散化。

上下边界方程式(9.24)的差分结果如下：

$$C_{i,0(m)}^{k+1} \frac{h_{i,0(m)}^{k+1} - h_{i,0(m)}^{k}}{\Delta t} = \frac{K_{i+1/2,0(m)}^{k+1}(h_{i+1,0(m)}^{k+1} - h_{i,0(m)}^{k+1}) - K_{i-1/2,0(m)}^{k+1}(h_{i,0(m)}^{k+1} - h_{i-1,0(m)}^{k+1})}{\Delta x^2}$$

$$\tag{9.30}$$

式中，上边界 $j=0$；下边界 $j=m$。

将式(9.30)进一步简化为

$$a_{i,0(m)}h_{i-1,0(m)}^{k+1} + b_{i,0(m)}h_{i,0(m)}^{k+1} + c_{i,0(m)}h_{i+1,0(m)}^{k+1} = f_{i,0(m)} \tag{9.31}$$

其中

$$a_{i,0(m)} = \frac{\Delta t}{\Delta x^2}K_{i-1/2,0(m)}^{k+1}$$

$$b_{i,0(m)} = -\left[C_{i,0(m)}^{k+1} + \frac{\Delta t}{\Delta x^2}(K_{i-1/2,0(m)}^{k+1} + K_{i+1/2,0(m)}^{k+1})\right]$$

$$c_{i,0(m)} = \frac{\Delta t}{\Delta x^2}K_{i+1/2,0(m)}^{k+1}$$

$$f_{i,0(m)} = -C_{i,0(m)}^{k+1}h_{i,0(m)}^k$$

（2）左右边界方程的离散化。

左右边界方程式（9.25）的差分结果如下：

$$C_{0(n),j}^{k+1}\frac{h_{0(n),j}^{k+1} - h_{0(n),j}^k}{\Delta t} = \frac{K_{0(n),j+1/2}^{k+1}(h_{0(n),j+1}^{k+1} - h_{0(n),j}^{k+1}) - K_{0(n),j-1/2}^{k+1}(h_{0(n),j}^{k+1} - h_{0(n),j-1}^{k+1})}{\Delta z^2}$$

$$+ \frac{K_{0(n),j+1/2}^{k+1} - K_{0(n),j-1/2}^{k+1}}{\Delta z} \tag{9.32}$$

将式（9.32）进一步简化为

$$a_{0(n),j}'h_{0(n),j-1}^{k+1} + b_{0(n),j}'h_{0(n),j}^{k+1} + c_{0(n),j}'h_{0(n),j+1}^{k+1} = f_{0(n),j}' \tag{9.33}$$

其中

$$a_{0(n),j}' = \frac{\Delta t}{\Delta z^2}K_{0(n),j-1/2}^{k+1}$$

$$b_{0(n),j}' = -\left[C_{0(n),j}^{k+1} + \frac{\Delta t}{\Delta z^2}(K_{0(n),j-1/2}^{k+1} + K_{0(n),j+1/2}^{k+1})\right]$$

$$c_{0(n),j}' = \frac{\Delta t}{\Delta z^2}K_{0(n),j+1/2}^{k+1}$$

$$f_{0(n),j}' = -C_{0(n),j}^{k+1}h_{0(n),j}^k + \frac{\Delta t}{\Delta z}\left[K_{0(n),j+1/2}^k - K_{0(n),j-1/2}^k\right]$$

3）定解条件的离散化

（1）初始条件的离散化。

对式（9.15）进行差分处理得

$$h_{i,j}^0 = h_0 \tag{9.34}$$

（2）计算区域边界条件的离散化。

上边界（$AB$）：对式（9.16）进行差分处理得

$$h_{i,0}^{k+1} - h_{i,1}^{k+1} = \Delta z \left( \frac{\varepsilon}{K_{i,1/2}^{k+1}} - 1 \right) \tag{9.35}$$

下边界（$CD$）：对式（9.17）进行差分处理得

$$h_{i,m-1}^{k+1} - h_{i,m}^{k+1} = -\Delta z \tag{9.36}$$

右边界（$BC$）：对式（9.18）进行差分处理得

$$h_{n-1,j}^{k+1} - h_{n,j}^{k+1} = 0 \tag{9.37}$$

左边界（$AF$、$ED$）：对式（9.18）进行差分处理得

$$h_{0,j}^{k+1} - h_{1,j}^{k+1} = 0 \tag{9.38}$$

（3）微润管边界条件的离散化。

在微润管的上边界（水平边界）上，式（9.21）的差分方程为

$$-K_{i,l-1/2}^{k+1} \frac{h_{i,l}^{k+1} - h_{i,l-1}^{k+1}}{\Delta z} + K_{i,l-1/2}^{k+1} = -\frac{\pi}{4}(k_{\mathrm{e}}H - k_{\mathrm{e}}' h_{i,1}^{k+1}) \tag{9.39}$$

式（9.39）可进一步处理为

$$a_{i,l}h_{i,l-1}^{k+1} + b_{i,l}h_{i,l}^{k+1} = f_{i,l}^{k+1} \tag{9.40}$$

其中

$$a_{i,l} = -4K_{i,l-1/2}^{k+1}$$

$$b_{i,l} = \Delta z \pi k_{\mathrm{e}}' + 4K_{i,l-1/2}^{k+1}$$

$$f_{i,l}^{k+1} = 4\Delta z K_{i,l-1/2}^{k+1} + \Delta z \pi k_{\mathrm{e}}H$$

在微润管的右边界（垂直边界）上，式(9.22)的差分方程为

$$-\frac{h_{r+1,j}^{k+1} - h_{r,j}^{k+1}}{\Delta z} K_{r+1/2,j}^{k+1} = \frac{\pi}{4}(k_e H - k_e' h_{r,j}^{k+1}) \tag{9.41}$$

式(9.41)可进一步处理为

$$b_{r,j} h_{r,j}^{k+1} + c_{r,j} h_{r+1,j}^{k+1} = f_{r,j}^{k+1} \tag{9.42}$$

其中

$$b_{r,j} = \Delta x \pi k_e' + 4K_{i+1/2,j}^{k+1}$$

$$c_{r,j} = -4K_{r+1/2,j}^{k+1}$$

$$f_{r,j}^{k+1} = \Delta x \pi k_e H$$

在微润管的下边界（水平边界）上，式(9.23)的差分方程为

$$-K_{i,s+1/2}^{k+1} \frac{h_{i,s+1}^{k+1} - h_{i,s}^{k+1}}{\Delta z} + K_{i,s+1/2}^{k+1} = \frac{\pi}{4}(k_e H - k_e' h_{i,s}^{k+1}) \tag{9.43}$$

式(9.43)可进一步处理为

$$b_{i,s} h_{i,s}^{k+1} + c_{i,s} h_{i,s+1}^{k+1} = f_{i,s}^{k+1} \tag{9.44}$$

其中

$$b_{i,s} = \Delta x \pi k_e' + 4K_{i,s+1/2}^{k+1}$$

$$c_{i,s} = -4K_{i,s+1/2}^{k+1}$$

$$f_{i,s}^{k+1} = \Delta z \pi k_e H - 4\Delta z K_{i,s+1/2}^{k+1}$$

4）差分方程的求解

（1）求解差分方程组的 ADI 法。

根据式(9.27)和式(9.29)，可建立如式(9.45)、式(9.46)所示的差分方程组。

$$
\begin{pmatrix}
b_{0,j} & c_{0,j} & & & \\
a_{1,j} & b_{1,j} & c_{1,j} & & \\
& \ddots & \ddots & \ddots & \\
& & a_{n-1,j} & b_{n-1,j} & c_{n-1,j} \\
& & & a_{n,j} & b_{n,j}
\end{pmatrix}
\cdot
\begin{pmatrix}
h_{0,j}^{k+1} \\
h_{1,j}^{k+1} \\
\vdots \\
h_{n-1,j}^{k+1} \\
h_{n,j}^{k+1}
\end{pmatrix}
=
\begin{pmatrix}
f_{0,j} \\
f_{1,j} \\
\vdots \\
f_{n-1,j} \\
f_{n,j}
\end{pmatrix}
\tag{9.45}
$$

$$
\begin{pmatrix}
b_{i,0}' & c_{i,0}' & & & \\
a_{i,1}' & b_{i,1}' & c_{i,1}' & & \\
& \ddots & \ddots & \ddots & \\
& & a_{i,n-1}' & b_{i,n-1}' & c_{i,n-1}' \\
& & & a_{i,n}' & b_{i,n}'
\end{pmatrix}
\cdot
\begin{pmatrix}
h_{0,j}^{k+2} \\
h_{1,j}^{k+2} \\
\vdots \\
h_{n-1,j}^{k+2} \\
h_{n,j}^{k+2}
\end{pmatrix}
=
\begin{pmatrix}
f_{i,0}' \\
f_{i,1}' \\
\vdots \\
f_{i,n-1}' \\
f_{i,n}'
\end{pmatrix}
\tag{9.46}
$$

式(9.45)、式(9.46)所示的差分方程组可简化为

$$
[A] \cdot [H]^{k+1} = [F] \tag{9.47}
$$

$$
[A'] \cdot [H']^{k+2} = [F'] \tag{9.48}
$$

式中，$[A]$为系数矩阵；$[F]$为常数项列阵；$[H]^{k+1}$为时段未知土壤水势列阵。式(9.47)和式(9.48)均称为三对角方程组。

采用 ADI 法求解时，在第一个时段先求解方程组(9.45)，在下一个时段再求解方程组(9.46)。这样逐时段反复交替使用并求解这两个方程组，就可以求出技术区域内全部节点在各个时段末的土壤负压水头 $h$，进而求解出各点的土壤含水率，直至所规定的模拟时间结束。

(2)追赶法。

差分方程组(9.47)和方程组(9.48)也可以使用"追赶法"求解，所谓追赶法，是由消元和回代两个过程组成的，下面举例介绍。

先进行消元过程：

$$
y_{0,j} = \frac{f_{0,j}}{b_{0,j}}, \eta_{0,j} = \frac{c_{0,j}}{b_{0,j}}
$$

$$
y_{1,j} = \frac{f_{i,j} - a_{i,j} y_{i-1,j}}{b_{i,j} - a_{i,j} \eta_{i-1,j}}, i = 1,2,3,\cdots,n-2 \tag{9.49}
$$

$$
\eta_{1,j} = \frac{c_{i,j}}{b_{i,j} - a_{i,j} \eta_{i-1,j}}, i = 1,2,3,\cdots,n-2
$$

根据式(9.49)，由方程组(9.47)的第一行可以求得 $h_{0,j} = y_{0,j} - \eta_{0,j} h_{1,j}$，将这个结果代入第二行，可得 $h_{1,j} = y_{1,j} - \eta_{1,j} h_{2,j}$。依次代入，可以得到式 $h_{n-1,j} = y_{n-1,j} - \eta_{n-1,j} h_{n,j}$，然后代入最后一行，就可以解出 $h_{n,j}$。回代过程、消元过程解出 $h_{n,j}$ 后，再依次往回代，可以解出 $h_{n-1,j}, h_{n-2,j}, \cdots, h_{1,j}, h_{0,j}$。

(3)方程组的线性化。

容水度 $C(h)$ 和非饱和导水率 $K(h)$ 均是土壤含水率(负压水头 $h$)的函数，因此，矩阵 $[A] \cdot [H]^{k+1} = [F]$ 是非线性的，使用数值法求解时，需要将矩阵进行线性化处理。常用的线性化方法有显示线性化、预报校正法和迭代法 3 种。

显示线性化方法的步骤是：用时段初的容水度 $C(k)$ 和非饱和导水率 $K(k)$ 近似时段末的容水度 $C(k+1)$ 和非饱和导水率 $K(k+1)$。这样，方程组(9.47)的系数和常数项就都是已知的值，从而可以实现方程组的线性化。虽然这种方法使用简单，但是土壤含水率计算结果偏差大，甚至失真。

预报校正法的步骤是：先求出压力水头作为预报值，根据这个压力水头值和土壤水分特征曲线，可求得容水度 $C(k+1)$ 和非饱和导水率 $K(k+1)$，进而可计算出所有系数，然后再次解方程组，得到时段末压力水头 $h$，这个 $h$ 就是要求的解。

迭代法的步骤是：对于要求的时段末的未知的容水度 $C(k+1)$ 和非饱和导水率 $K(k+1)$，先假定一个值(一般取相应时段初的值)作为预报值。得到方程组的各系数后求解方程组，得到各点的负压水头 $h_j^{k+1}(1)$，进而得到时段末的容水度 $C(k+1)$ 和非饱和导水率 $K(k+1)$ 的校正值。然后把这个校正值作物预报值，再次求解计算方程组，得到各点的负压水头 $h_j^{k+1}(2)$，重复上述过程，直到式(9.50)成立：

$$\max \left| \frac{h_j^{k+1(P)} - h_j^{k+1(P-1)}}{h_j^{k+1(P-1)}} \right| \leqslant \varepsilon \tag{9.50}$$

式中，$P$ 为迭代次数；$\varepsilon$ 为规定的允许误差。

迭代法不仅可以控制误差精度使结果较精确，而且允许较大的时间步长，计算速度最快，因而最为常用[5]。

### 4. 微润连续灌溉在柱坐标系下垂直平面一维非饱和入渗模型

#### 1)模型的建立

有关研究[24]表明，微润连续灌溉的湿润体是以微润管为轴心的柱状体(在黏壤土中接近圆柱体)，大部分的土壤含水率为田间持水率的80%～90%，灌溉均匀度极高。在非饱和条件下，土壤水的能量主要取决于基质势[36]，也就是说，可以忽略重力势的影响。

根据上述分析可知，微润连续灌溉条件下的土壤水分运动属于非饱和土壤水分运动，土壤水分的入渗方式是平面线源入渗。假定土壤均质、各向同性，并且微润管在轴向均质，即渗透性能处处相等，那么，就可以将该线源入渗简化为轴对称入渗问题。如果在上述假设的条件下，再假设不考虑重力，可以将该线源轴对称二维入渗问题简化为极坐标下的一维入渗问题处理。如果忽略重力项，即负压水头 $h$ 在柱坐标 $x$ 方向及 $\varphi$ 方向变化率为零，那么式(9.14)可简化为

$$C(h) = \frac{\partial h}{\partial t} = \frac{1}{r}\frac{\partial}{\partial r}\left[rK(h)\frac{\partial h}{\partial r}\right] \tag{9.51}$$

式中，$r$ 是距微润管轴心的距离，在微润管外部有 $r>R$。那么式(9.51)就是微润连续灌溉在柱坐标系下垂直平面一维非饱和入渗模型。

2)模型的定解条件

(1)计算区域。

如图 9.11 所示，选取图中矩形区域 $ABCD$ 为计算区域(不包含微润管内部)。其中 $R$ 为微润管外径，壁厚为 $d$；埋深及下边界足够深，微润连续灌溉过程水分不会穿过计算区域；$AD$、$BC$ 为相邻微润管的分界线。

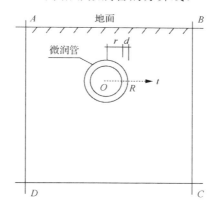

图 9.11　微润连续灌溉一维模型求解区域示意图

(2)初始条件。

假设灌水前，土壤含水率已知且为一确定的值，那么负压水头 $h$ 为

$$h(r,t) = h_0(R,0) \tag{9.52}$$

式中，$R \leqslant r \leqslant r_{BC}$；$t=0$；$r_{AB}$、$r_{BC}$ 为微润管中心点 $O$ 到边界 $AB$、$BC$ 的距离，该区域不包含微润管所在区域；$h_0(R,0)$ 为初始时刻计算区域内各点的负压水头。

（3）边界条件。

①求解区域边界条件。

忽略微润连续灌溉过程中的土壤蒸发，也不考虑降雨时，相对于微润管的无穷远处边界条件可表示为

$$h(r,t) = h_0,\ r = \infty,\ t = 0 \tag{9.53}$$

②微润管边界。

微润管边界是一个动边界。对于微润连续灌溉系统而言，灌水开始时，水分先透过微润管向外渗透，再通过微润管–土壤边界向周围的土壤中渗透。

由 9.4.2 节的分析可知，微润管的水流通量由微润管的渗透性和管内外压力差决定，可由式（9.8）表示，式（9.8）就是微润管的通量方程。由微润管的通量方程可看出，微润管的水流通量是工作压力水头和土壤水吸力的函数，并且随着工作压力、土壤水吸力的增大而增大。土壤水吸力是土壤含水率的函数，随着土壤水吸力的增大，土壤含水率逐渐减小，那么，微润管的水流通量也是土壤含水率的函数，并随着土壤含水率的增大而减小，这是微润连续灌溉系统能够自适应调控的根本原因。

3）模型的解法

微润连续灌溉在柱坐标系下垂直平面一维非饱和入渗问题，其土壤水分运动的数学模型可归结为如下定解问题：

$$\begin{cases} C(h)\dfrac{\partial h}{\partial r} = \dfrac{1}{r}\dfrac{\partial}{\partial r}\left[ rK(h)\dfrac{\partial h}{\partial r} \right] \\ h(r,t) = h_0(t=0, r \geqslant R) \\ q_e = k_e H - k_e' h(t>0, r=R) \\ h(r,t) = h_0(t>0, r \to \infty) \end{cases} \tag{9.54}$$

容水度 $C(h)$ 和非饱和导水率 $K(h)$ 均是土壤含水率（负压水头 $h$）的函数，控制方程和微润管边界方程均为非线性方程，因此采用解析解法十分困难，可由数值解法进行求解。

微润连续灌溉是一种最新的节水灌溉技术，虽然在生产上还没有得到有效地认知和推广，但目前是世界上最有效的节水灌溉方式，随着研究的深入，其在生产实践中会有巨大的应用潜力。目前，微润连续灌溉技术还处于研究和试验应用阶段，微润连续灌溉系统的应用设计亟须试验及理论研究成果。我们主要是从理论上分析微润连续灌溉系统的基本原理，构建微润连续灌溉条件下土壤水分的运动模型，并对微润管的渗透性性能进行初步试验。由于研究工作的时间和作者水平所限，所得成果只是初步的，今后还需进行进一步研究。

## 9.5　长江科学院及南昌工学院的研究工作

姚付启、刘惠英、李亚龙等在微润连续灌溉应用现场湖北秭归脐橙果园，通过现场实验测试、观察和对比，研究了微润连续灌溉对脐橙生理生态参数的影响，并比较了 3 种不同灌溉方式对生理生态参数影响程度的差异[9, 37]。

### 1. 光合参数的测定

采用全自动便携式光合仪(LC Pro+)对处理后的脐橙叶片进行各项光合参数的测定[6]。为了使实验结果更具代表性，3 种灌溉方式(微润连续灌溉、常规灌溉、雨养灌溉)所选的树种相同，树龄均为 8 年，且大小较为一致。光合参数测定时，每棵植株在向阳面、背阴面分别选取上层、下层叶片各 2 片进行光合参数测定。测定一系列光照强度[PPFD: $1600\mu mol/(m^2 \cdot s)$、$1200\mu mol/(m^2 \cdot s)$、$800\mu mol/(m^2 \cdot s)$、$600\mu mol/(m^2 \cdot s)$、$400\mu mol/(m^2 \cdot s)$、$200\mu mol/(m^2 \cdot s)$、$150\mu mol/(m^2 \cdot s)$、$120\mu mol/(m^2 \cdot s)$、$90\mu mol/(m^2 \cdot s)$、$60\mu mol/(m^2 \cdot s)$、$50\mu mol/(m^2 \cdot s)$、$40\mu mol/(m^2 \cdot s)$、$30\mu mol/(m^2 \cdot s)$、$20\mu mol/(m^2 \cdot s)$、$10\mu mol/(m^2 \cdot s)$、$7\mu mol/(m^2 \cdot s)$、$4\mu mol/(m^2 \cdot s)$、$2\mu mol/(m^2 \cdot s)$ 和 $0\mu mol/(m^2 \cdot s)$]下的净光合速率 $A_n$，得到一系列光响应曲线 $A_n$-PPED。测量过程中，$CO_2$ 浓度值控制为大气 $CO_2$ 浓度值[约380(μmol/mol)]，叶片温度控制在 25℃，相对湿度为 60%，流速为 500μmol/s。实验在生长季 6～9 月进行，测定时间在天气晴朗的上午 8:30～12:00 进行。测得的光响应曲线通过非直角双曲线模型计算出各 $A_{max}$、$R_d$、$\alpha$ 和 $L_{cp}$ 的值。

$$A_n = \frac{\alpha \times PPFD + A_{max} - \sqrt{(\alpha \times PPFD + A_{max})^2 - 4 \times k \times \alpha \times PPFD + A_{max}}}{2 \times k} - R_d \quad (9.55)$$

式中，$A_n$ 为净光合速率；PPFD 为光量子通量密度；$\alpha$ 为表观初始量子效率；$A_{max}$ 为最大净光合速率；$R_d$ 为叶片暗呼吸值；$k$ 为凸度。

### 2. 结果与分析

1)不同灌溉方式对脐橙光合参数的影响

植物的最大净光合速率 $A_{max}$ 是反映植物积累有机物能力的重要参数。图 9.12 为不同灌溉方式下脐橙叶片 $A_{max}$ 的差异性分析图。从图 9.12 可以看出，微润连续灌溉条件下，脐橙叶片 $A_{max}$ 的值最高；常规灌溉条件下，脐橙叶片 $A_{max}$ 的值次之；雨养灌溉叶片 $A_{max}$ 的值最小。常规灌溉、雨养灌溉方式下 $A_{max}$ 的值显著低于微润连续灌溉方式下的值，分别低 8.7%、12.2%。结果表明，微润连续灌溉方式下植物光合作用的有机物积累量较高。

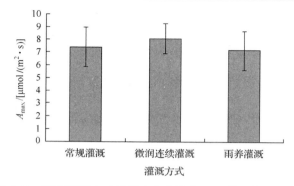

图 9.12　不同灌溉方式下最大光合速率 $A_{max}$ 的比较示意图

叶片呼吸为植物生长过程中各个生理过程提供重要的能量来源。图 9.13 中，叶片暗呼吸值 $R_d$ 在微润连续灌溉方式下表现的略高，而在雨养灌溉和常规灌溉方式下差异不显著。微润连续灌溉方式下叶片暗呼吸值 $R_d$ 分别比另外两种灌溉方式下约高 6%。上述结果表明微润连续灌溉方式下叶片暗呼吸提供给植物各项生理活动的能量最多。

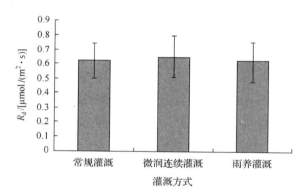

图 9.13　不同灌溉方式下叶片暗呼吸值 $R_d$ 的比较示意图

表观初始量子效率 $\alpha$ 和光补偿点 $L_{cp}$ 均反映对低光照的利用率，是植物利用弱光能力的一项重要指标。$\alpha$ 在不同的灌溉方式下的变化如图 9.14 所示。由图 9.14 可知，与 $R_d$ 的变化类似，$\alpha$ 在微润连续灌溉方式下的值显著高于在另外两种灌溉方式下的值，而雨养灌溉和常规灌溉下的 $\alpha$ 值无显著差异。微润连续灌溉方式下 $\alpha$ 值约比其他两种灌溉方式下高 17.0%。$\alpha$ 值越大，表明植物可能吸收与转化光能的色素蛋白复合体较多，利用弱光的能力较强。研究结果表明，雨养灌溉、常规灌溉和微润连续灌溉方式下脐橙对弱光的利用能力逐渐增强。

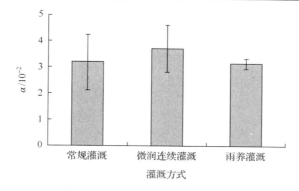

图 9.14　不同灌溉方式下表观初始量子效率 $\alpha$ 的比较示意图

图 9.15 中 $L_{cp}$ 的值与上述 $A_{max}$、$R_d$、$\alpha$ 值的规律相反，在微润连续灌溉方式下的值最低、在常规灌溉下的值略高、在雨养灌溉下的值最高。雨养灌溉下的 $L_{cp}$ 值比常规灌溉和微润连续灌溉下的值分别高约 17.6%和 28.0%。常规灌溉方式下的 $L_{cp}$ 值约比微润连续灌溉方式下高 8.8%。$L_{cp}$ 值越低，表明植物对低光的利用率越高，因此，本研究中微润连续灌溉方式下脐橙在低光照条件下的竞争力最高。

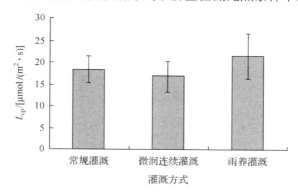

图 9.15　不同灌溉方式下光补偿点 $L_{cp}$ 的比较示意图

2)不同灌溉方式对脐橙叶片和比叶面积的影响

比叶面积为叶片面积和质量的比值，是植物重要的生理生态性状之一，往往与植物的生长和生存对策有紧密的联系，能反映植物对不同生长环境的适应特征，成为植物比较生态学研究中的首选指标。已有研究表明，比叶面积与植物叶片的净光合速率呈正相关。同时，比叶面积可以反映植物获取资源的能力，低比叶面积的植物能更好地适应资源贫瘠和干旱的环境，高比叶面积的植物保持体内营养的能力较强。图 9.16 为不同灌溉方式比叶面积的差异性分析图，从图中可以看出，在微润连续灌溉条件下，脐橙比叶面积最大、常规灌溉次之、雨养灌溉最小，常规灌溉、雨养灌溉条件下比叶面积分别比微润连续灌溉条件下小 7.4%、10.1%。

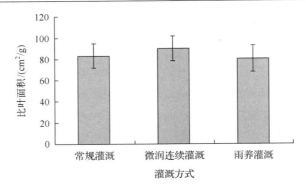

图 9.16　不同灌溉方式比叶面积的差异性分析图

通过对比分析雨养灌溉、常规灌溉和微润连续灌溉 3 种灌溉方式下脐橙光合生理生态参数及比叶面积，得到以下结论：

(1)相比雨养灌溉与常规灌溉，微润连续灌溉能促进脐橙叶片的净光合速率和暗呼吸，这表明该种灌溉方式可以促进植物有机物的光合积累和生理代谢。

(2)相比雨养灌溉与常规灌溉，微润连续灌溉条件下脐橙对弱光的利用能力最强。

(3)相比雨养灌溉与常规灌溉，与植物光合作用有密切关系的脐橙比叶面积在微润连续灌溉条件下的值最高。

本节仅仅初步对比分析了 3 种灌溉方式(雨养灌溉、常规灌溉和微润连续灌溉)下脐橙的光合生理生态参数及比叶面积，而对于果农最为关心的脐橙产量、品质等影响有待进一步研究。

# 9.6　江苏大学的研究工作

江苏大学流体机械工程技术研究中心的朱燕翔、王新坤、程岩等进行了半透膜微润管水力性能研究。

研究认为，作物在不同的生命周期中，需水量是变化的，根据其需水量来调节压力才能达到预期节水目的。研究结果表明，压力水头与出水量之间呈良好的线性关系，在供水压力水头恒定的条件下，渗流量是恒定的。当压力水头变化时，渗流量也随之变化。微润管流态指数高，渗流量对压力敏感，因此，需对其进行准确的水力计算，建立微润管沿程压力水头损失的计算方法并对不同长度的算例进行计算[38]。

1. 数学描述

微润管可简化为多孔出流管道，其沿程压力水头损失的问题可采用分段计算法。该问题可看作是在已知微润管管径、长度、地面坡度、微润管孔口的压力水头与出流量公式($q = kh^x$)及设计进口压力水头($H_d$)的情况下,求微润管上各微润管段的压力水头及出流量。如图 9.17 所示,对微润管孔口及管段特征值按逆流方向编号,微润管的出流量和压力水头可应用逆推法来计算,公式与步骤如下。

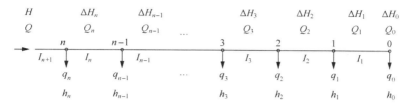

图 9.17　微润管水力计算示意图

(1)随机生成支管末端节点压力水头 $h_0$。

$$h_{c\min} \leqslant h_0 \leqslant h_{c\max} \tag{9.56}$$

(2)计算末孔的出流量 $q_0$。

$$q_0 = kh_0{}^x \tag{9.57}$$

(3)假定微润管末端无后续管道出流,则微润管 0-0 管段的流量 $Q_0 = 0$。

(4)计算微润管 0-1 管段的流量 $Q_1$。

$$Q_1 = Q_0 + q_0 \tag{9.58}$$

(5)计算微润管 0-1 管段压力水头损失 $\Delta H_1$。

$$\Delta H_1 = af\frac{Q_1^m}{d^b}S_1 + S_1 I_1 \tag{9.59}$$

(6)计算末端第二孔口(即编号为1)的孔口压力水头 $h_1$ 及出流量 $q_1$。

$$h_1 = h_0 + \Delta H_1 \tag{9.60}$$

$$q_1 = kh_1{}^x \tag{9.61}$$

(7)用同样的方法计算其他孔口的压力水头 $h_i$ 及出流量 $q_i$。

$$Q_i = Q_{i-1} + q_{i-1} \tag{9.62}$$

$$\Delta H_i = af\frac{Q_i^m}{d^b}S_i + S_i I_i \tag{9.63}$$

$$h_i = h_{i-1} + \Delta H_i \tag{9.64}$$

$$q_i = k h_i^{\,x} \tag{9.65}$$

(8)计算微润管入口压力水头 $H$。

$$H = h_a + af\frac{Q_{n+1}^m}{d^b}S_{n+1} + S_{n+1}I_{n+1} \tag{9.66}$$

(9)若 $H = H_d$，则计算结束，否则重新生成 $h_0$，重复上述步骤。

若 $H < H_d$，在 $[\boldsymbol{H}, \boldsymbol{h}_{cmax}]$ 生成 $h_0$，重复步骤(2)～(9)；若 $H > H_d$，在 $[\boldsymbol{h}_{cmin}, \boldsymbol{H}]$ 生成 $h_0$，重复步骤(2)～(9)。

式(9.56)～式(9.66)中，$q_i$、$h_i$ 分别为微润管的出流量及孔口的压力水头，L/(h·m)，m；$Q$ 为微润管各管段的流量，L/h；$I_i$ 为微润管各管段的地形坡度(下坡为负)；$S_i$ 为微润管滴孔间距，m；$a$ 为局部水头损失加大系数；$k$ 为微润管流量系数；$x$ 为微润管流态指数；$H$ 为微润管入口压力水头，m；$h_{cmin}$、$h_{cmax}$ 分别为微润管允许的最大和最小工作压力水头，m；$f$、$m$、$b$ 分别为摩阻系数、流量系数、管径指数，其选取见表9.5。

表 9.5　管道沿程水头损失计算系数、指数表

| 管材 | | | $f$ | $m$ | $b$ |
|---|---|---|---|---|---|
| 硬塑料管 | | | 0.464 | 1.77 | 4.77 |
| 微润连续灌溉用聚乙烯管 | $d > 8mm$ | | 0.505 | 1.75 | 4.75 |
| | $d \leqslant 8mm$ | $Re > 2320$ | 0.595 | 1.69 | 4.69 |
| | | $Re \leqslant 2320$ | 1.750 | 1.00 | 4.00 |

注：$Re$ 为管道中的雷诺数

2. 算例

假设一个 $h_0$，通过逆递推，可以求出微润管入口压力水头 $H$ 及全部微润管段的流量和压力，当所求出的微润管入口压力水头 $H$ 与微润管设计入口压力 $H_d$ 相等时，所得到的微润管流量和压力就是微润管设计工作值。算例中取微润管长分别为50m、100m、200m、300m、400m、500m，其均为平铺状态，即 $I_i = 0$，同时微润管滴孔间距 $S_i = 1$，这是简化计算过程。取水头损失加大系数 $a=1.05$，根据此微润管的特性，$f$、$m$、$b$ 取值分别为 0.505、1.750、4.750。上述计算工作量虽然大，但是都为重复的简单计算，因此可以用 VB6.0 来编程计算。设 $h_0 = 2m$ 并选定好各计算系数，另外在编程时规定当 $H$ 和 $H_d$ 之差小于 $1 \times 10^{-5}$ 时，程序停止运行，其两者差越小则程序运行时间越长，同时精度也越高。水头损失计算结果见表9.6，根据 100m 微润管计算结果计算微润管平均出流量、灌水均匀度系数及微润管平均流量偏差，计算公式见式(9.67)～式(9.69)[16]。

微润管平均出流量：

$$\overline{q} = \frac{1}{n+1}\sum_{i=1}^{n}q_i \tag{9.67}$$

灌水均匀度系数：

$$C_{\mathrm{u}} = 1 - \frac{\Delta\overline{q}}{\overline{q}} \tag{9.68}$$

微润管平均流量偏差：

$$\Delta\overline{q} = \frac{1}{n+1}\sum_{i=0}^{n}\left|q_i - \overline{q}\right| \tag{9.69}$$

式中，$\overline{q}$ 为微润管平均出流量，mL/h；$C_{\mathrm{u}}$ 为微润连续灌溉灌水均匀度系数；$\Delta\overline{q}$ 为微润管平均流量偏差，mL/h。

计算结果为：$\overline{q} = 241.67\mathrm{mL/h}$、$\Delta\overline{q} = 0.432\mathrm{mL/h}$、$C_{\mathrm{u}} = 0.99976$。结果表明满足均匀度要求。

**表 9.6　1 号微润管水头损失计算结果表**

| 管长/m | 50 | 100 | 200 | 300 | 400 | 500 |
|---|---|---|---|---|---|---|
| 水头损失/m | 0.0018 | 0.0099 | 0.0671 | 0.2079 | 0.4725 | 0.9159 |

依据上述结果可以看出，当灌水小区单元的微润管铺设达到一定长度时，水头损失加大系数的选取对水头损失的技术结果影响比较明显。例如，取 $a=1.08$ 和 $a=1.03$ 进行计算比较，前者水头损失较后者增加了 5.89%。如灌水小区较多时，各单元累积的水头损失在设计时应给予考虑。

3. 分析与总结

通过本文的实验研究，得出以下结论。

(1) 计算结果表明，微润管的沿程水头损失相对于其他灌水器而言极其微小。沿程水头损失计算系数的选取范围对理论计算有着比较大的影响，在进行微润管水头损失计算时参数的选择还应经过管网水力性能实验后进行回归修正。

(2) 从上述拟合汇总结果可以看出该微润管的流态指数比我们所熟知的灌水器要大很多。本文分析，因为微润管是由一种类似于半透膜材料做成的，其内壁上的每一点都有数量巨大的微孔，所以，当压力水头变化时对流量的变化值影响是比较大的，在今后的研究中可以探究如何降低微润管的流态指数。

(3) 上述实验技术结果显示，该微润管节水节能优势显著，只需要微压输水就可为作物生长提供适宜的土壤水分，同时大大降低微润连续灌溉的运行成本。

## 9.7　宁夏水利科学研究院的研究工作

汤英、徐利岗、刘学军等以宁夏北部引黄自流灌区的枣树为研究对象，以田间定点试验为手段，研究了微润连续灌溉方式下枣树根区土壤水的时空变化特征。研究者认为：相较于滴灌、喷灌、小管出流等常用地面高效节水灌溉方式，地下灌溉是一种更为高效的节水灌溉技术。它可直接将灌溉水缓慢、均匀、准确地补充给作物根部附近土壤，使作物根系活动区的土壤保持适宜的水分，具有蒸发损失小、水分利用率高、占用耕地少、灌溉效果明显等特点。采用地下灌溉方式不仅可以提高作物产量，还可改善作物品质，且根区局部控水地下灌溉还具有"以水调质"的功效，是一种新型的、具有巨大潜力的节水灌溉技术[39,40]。研究成果如下。

### 1. 距微润管不同距离土壤水分运移特征

利用 2015 年 6 月 9 日与 6 月 30 日监测的距微润管 10cm、20cm、40cm 及 60cm 不同水平距离不同深度土壤水分数据，绘制土壤水分变化曲线 (图 9.18)。从图 9.18 可以看出，6 月 9 日与 6 月 30 日土壤水分变化曲线几乎一致，这显示了微润管在稳定水头供水情况下湿润范围、湿润深度基本不变，非常稳定。土壤田间持水率和萎蔫系数之间的土壤含水率是最适合作物根系生长的水土环境。该试验区土壤田间持水率为 13.2%，而两个日变化过程线均显示出土壤水分在深度 20～60cm 土层的土壤含水率基本都在 10% 左右，非常有利于枣树根系吸水。由于微润管埋深30cm、表层土壤 10cm 以上土壤含水率较低，有效降低了棵间蒸发，减少了灌溉水的无效蒸发，使其最大限度被作物吸收。

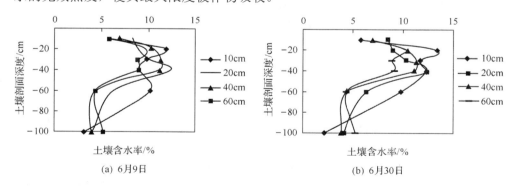

图 9.18　距微润管不同距离不同深度土壤水分变化曲线

### 2. 距微润管不同距离土壤水分的时间变化特征

分别绘制距离微润管不同距离土壤剖面水分随时间变化图 (图 9.19)。

从图 9.19 可以看出，当土壤水分探管距微润管 10cm 时，土壤剖面 20cm 土壤含水率最高，最接近田间持水率，30～60cm 土壤含水率几乎一致，都在 10% 左右（田间持水率 75%），而在表层土壤 10cm 和深层土壤 100cm 土壤含水率较低，在 6% 以下，基本不能被作物根系吸收。对于距微润管 20cm 探管，40cm 深度土壤含水率最高，接近田间持水率，30cm 深度次之，土壤含水率在 10%～13.2%（田间持水率），20cm、10cm 土壤含水率逐渐降低，到 60cm 深度土壤含水率降到 6% 左右。距微润管 40cm 土壤水分探管数据监测显示，40cm、30cm、20cm 土层深度土壤含水率逐渐降低，20～40cm 土壤含水率都在 10% 左右，非常有利于根系吸水，而 10cm、60cm 土壤含水率相对降低，不利于根系吸收。距微润管 60cm 土壤水分探管数据分析显示，20～40cm 土壤含水率非常接近，均在 8%～10%，而 10cm、60cm 及 100cm 土层土壤含水率相对较低。

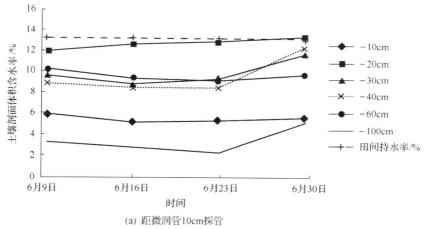

(a) 距微润管10cm探管

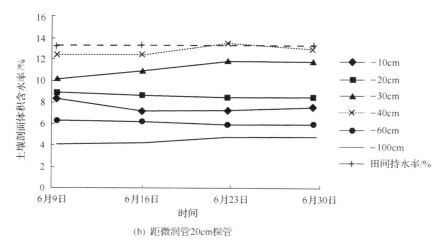

(b) 距微润管20cm探管

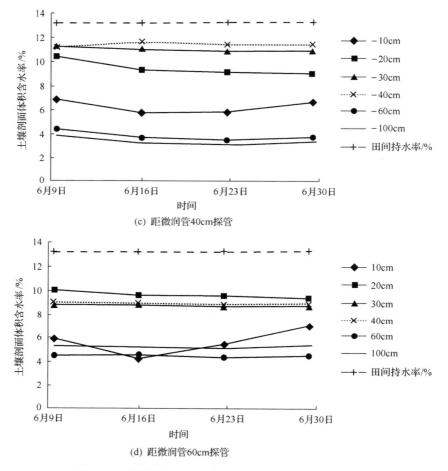

图 9.19　距微润管不同距离土壤剖面水分随时间变化图

### 3. 不同土壤剖面土壤水时空变化特征分析

1) 距微润管不同距离处土壤水随时间变化的空间分布特征

利用微润管 10cm、20cm、40cm 及 60cm 处的 0～100cm 土层剖面土壤含水率数据，将 6 月 9 日测定土壤含水率的日期设定为 0 日，6 月份共测定 4 次，依次类推将每次测定日期换算为距 6 月 9 日的日数，整理绘制距微润管不同距离处土壤水随时间变化的空间分布图(图 9.20)。由图 9.20 可以看出，距微润管 10cm 时，15～60cm 土层土壤含水率均在 9.2%以上；距微润管 20cm 时，20～55cm 土层土壤含水率均在 8.8%以上，尤其是 25～55cm 土层，土壤含水率均在 10%以上，维持在土层田间持水率附近；距微润管 40cm 时，15～50cm 土层土壤含水率均在 8.5%以上，而距微润管 60cm 时，15～45cm 土层土壤含水率均在 8.3%以上。说明微润管在垂向 60cm 以内 15～50cm 土层土壤含水率均可保持在枣树适宜生长的范围内，尤其是距微润管 20cm 时效果最好。

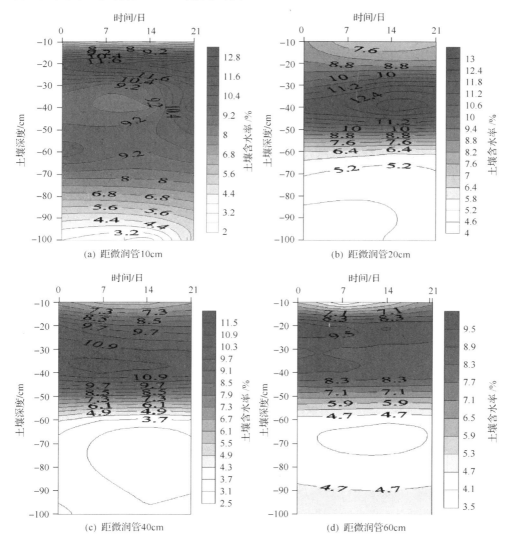

图 9.20　距微润管不同距离处土壤水随时间变化的空间分布图

图中曲线为剖面土壤湿度等湿线

2）不同时间距微润管不同距离处土壤含水率空间变化特征

分别利用 6 月 9 日及 6 月 30 日距微润管 10cm、20cm、40cm 及 60cm 处 0～100cm 土层剖面土壤含水率数据，整理绘制距微润管不同距离处土壤水空间分布图（图 9.21）。由图 9.21 可以看出，虽然相距 20 天，但是 10～100cm 土层土壤水空间分布极为相似，尤其是 15～50cm 土层土壤含水率一致维持在 9.0%以上，说明枣树快速生长的 6 月，试验小区枣树根层土壤含水率一致维持在土壤田间持水率左右，为枣树根系发育及植株生长提供了极为良好的土壤水环境。微润管可以连续供水，将根系层土壤水含率稳定控制在田间持水率附近。

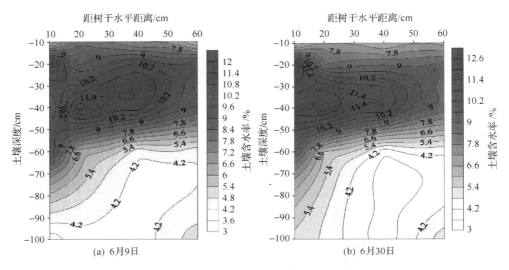

图 9.21　不同时间距微润管不同距离处土壤水空间分布图

3）本书对汤英等研究工作的评述与说明

值得注意的是，汤英等的研究结果以实测数据支持了本书中提出的连续灌溉的时间均匀性概念。在保持某特定工作压力的前提下，土壤水分在长达 21 天时间内可基本稳定地保持在较佳的期望值之内。而这里所说期望值是可以调控的。例如，在汤英等的研究中，土壤在 15～50cm 土层中含水率一直维持在 9.0%以上（相对含水率 68%）属良好的土壤水环境。而水平距离 60cm、深度 60cm 处土壤含水率降至 4.7%（相对含水率 36%），该处的根系吸水显然会比较困难。作物部分根受到一定程度的旱胁迫。因此，当该作物的根体积较大，不仅限于 15～50cm 范围之内，而是要求 5～60cm 范围或更大时，可将湿润体的预设期望值变大。在汤英等的研究中发现"微润管在稳定压力水头（2.00m）供水情况下，湿润范围、湿润深度基本不变，非常稳定"。但是，如果将压力水头提升到 2.50m，原土壤水分分布的平衡状态将被打破，湿润范围扩大，湿润深度加深，此时，土壤含水率状况将在 2.50m 压力水头下建立起新的平衡。至于压力水头升到多高才能使 5～60cm 深度范围内水分环境达到良好状态，则需要根据土壤及作物的具体情况，通过实测观测确定。假如将压力水头升至 2.50m 时，可使适宜湿度范围扩大到 5～60cm；压力水头升到 2.70m 及 2.90m 时，则可能将适宜湿度范围扩大到 0～70cm 及 0～

80cm；相反，如果树木的植株较小，根区活动层主要分布在 20～45cm，那么也可用调降压力水头(例如调至1.50m)的方法，使湿润体体积收缩，使湿润层深度由 15～50cm 收缩至 20～45cm 深层，以达到最大限度节水目的。

　　总之，微润管是一种没有额定出水量的给水器，这一点与传统的滴灌等给水器有很大差异。考虑微润管单位时间出水量时，应以系统压力为前提。系统压力的变动必然引起单位时间出水量的变动。而且出水量对压力的响应是迅速而准确的。这一特点在应用上带来很大方便：①可以通过压力调节来调整湿润体的体积，湿润层的深度及湿润层内土壤含水率；②调整到湿度预设期望值后，可以保持该压力不变，使期望值在相当长一段时间内(汤英等假设为 21 天)保持不变，使灌溉品质具有时间均匀性。灌溉品质的时间均匀性是连续灌溉最重要的技术特点之一，是连续灌溉较间歇式灌溉的重要技术进步，虽然汤英等完成此项研究工作时，灌溉的时间均匀性概念尚未正式提出，但他们的工作在不知不觉中证实和支持了灌溉的时间均匀性概念。当他们详细讨论不同深度、不同位置的水分分布时，恰好证实了这样一个事实：连续灌溉可使作物主根系范围内的土壤达到非常有利于根系吸水的湿度(如田间持水率的 70%～80%)，而且这种优良状况很稳定，很均匀，在长达 21 天的测试期内，基本没有变化，几乎每天都一样。用测试结果绘制的图 9.20，恰当地表述了连续灌溉的时间均匀性。

## 9.8　其他对微润连续灌溉的研究工作

　　除了上述介绍的研究工作外，从微润管开始用于农业灌溉以来，还吸引了很多相关专业的研究人员做了很多重要的工作。在此，我们对以往的这些研究做一些简略的介绍。

### 9.8.1　相关微润管特性和灌溉机制的研究

　　新疆农业大学和新疆农业科学院对微润管的性能、不同环境下的水分出流情况和湿润体形成过程[41]进行了细致的研究。同时也对湿润锋运移规律及湿润体内湿度分布等做了描述[5]。他们也研究了水质对微润管水分出流的影响[42]。

　　河北工程大学、中国水利水电科学研究院水利研究所和中国农业科学院农田灌溉所对微润管在沙壤土中的入渗规律进行了研究，并建立了数学模型。他们研究了不同压力水头下湿润体的形成规律[43]。他们的工作使我们看到沙壤土中微润管的行为更易于进行理论推算，形成的湿润体更接近于预期。

　　甘肃省疏勒河流域水资源管理局研究了不同压力水头和不同土壤下的出流规律。同时，他们也研究了不同压力条件下，不同长度微润管水分出流量的变化，在他们的工作条件下，得出了单根微润管使用的极限长度[44]。

### 9.8.2    微润连续灌溉的使用方法研究

新疆水利水电科学研究院和新疆大学通过实验研究了不同水分处理下微润连续灌溉对地温的影响[45]。对于地温有要求的地方，他们的工作很有参考意义。在实际生产中，有人曾在北方的大棚中将灌溉用水进行加热用以升高地温，也收到很好的效果。

江苏大学不仅在微润管的性能方面做了很多工作，同时在应用技术方面也做了深入研究[46]。他们还研究了微润连续灌溉的自动控制技术[47]，设计出了自动控制方案。

西北农林科技大学[48, 49]和新疆农业科学院[50]对微润管的埋深和布设方式做了试验研究。对如何合理地布设微润管提供了一种研究方法。

湖北省秭归县水利局和湖北省秭归县柑橘科学研究所在微润连续灌溉结合山区雨洪蓄水[51]及水肥一体化的应用方面都取得了很大的成就[52]。通过设计分水池和调压池，成功地实施了在几百米落差、大坡度的山区不规则地块上使用集雨供水的微润连续灌溉技术。他们的工作，对其他类似地区有着很好的借鉴作用。

另一个值得注意的工作是利用固结技术结合微润连续灌溉，成功地在坡度为30°~60°砒砂岩陡坡上进行了多种植物的种植[53]。对于难以改造的砒砂岩来说，这种方法更为可贵。这种方法证明了微润连续灌溉在大坡度的坡面绿化治理方面的有效性和便利性。

对于某些偏远地区的环境治理，尤其是沙漠及荒漠治理，经常会遇到的问题是没有电力、缺少能源。而类似地区经常有充分的太阳能和丰富的地下水资源。在这样的环境下把微润连续灌溉和光伏发电结合起来，就可以有效地利用自然资源，达到很好的效果。宁夏农林科学院在这方面做了很好的探索[54]，他们设计并实验了光伏提水微润连续灌溉系统。巴彦淖尔市水利科学研究所也做了类似的工作[55]。这些也许会成为对将来环境生态治理很有用且有效的模式。

### 9.8.3    微润连续灌溉的种植应用研究

在近几年实践应用中，微润管用于实际种植的土地已经有万亩以上。从现在已经发表的论文来看，包括了多个方面的研究。

在设施农业方面，有种植温室番茄[28, 56]、草莓[57]、白菜[58]、茄子[59]等方面的研究。

大田作物的种植试验有玉米[60]、马铃薯[61]、棉花[59]、小麦[62]、向日葵[55]等。

在果木方面，已经发表的文章中使用微润连续灌溉的品种有香梨[45]、大枣[40]、柑橘[51]等。其中在柑橘(脐橙)上使用的最多，研究也最深入。

微润连续灌溉在城市绿化，尤其是在缺水城市绿化方面有很重要的意义。兰州大学对草坪绿地做了生长养护试验[63]，取得了很好的效果，并且从多个角度对微润连续灌溉用于城市绿化做了分析研究。

水利部牧区水利科学研究所在煤矿植被恢复方面做了微润连续灌溉应用研究[64]。煤矿和其他矿山的植被恢复，很大的问题是灌溉条件不好，通常伴随着地形、地貌复杂，供水困难，绿化灌溉耗能费力。该项研究可以看到微润连续灌溉在矿山修复方面的应用效果和便利之处。

# 参 考 文 献

[1] 牛文全, 张俊, 张琳琳, 等. 埋深与压力对微润灌湿润体水分运移的影响[J]. 农业机械学报, 2013, 44(12): 128-134

[2] 赵聚宝, 李克煌. 干旱与农业[M]. 北京: 中国农业出版社, 1995

[3] 谢香文, 祁世磊, 刘国宏, 等. 地埋微润管入渗试验研究[J]. 新疆农业科学, 2014, 51(12): 2001-2005

[4] 杨德军, 张土乔, 张科锋. 土壤水动力学模型及在 SPAC 系统建模中的应用[M]. 杭州: 浙江大学出版社, 2011

[5] 雷志栋, 杨诗秀, 谢森传. 田间土壤水量平衡与定位通量法的应用[J]. 水利学报, 1988, (5): 3-9

[6] 熊顺贵. 基础土壤学[M]. 北京: 中国农业大学出版社, 2001

[7] 赵聚宝, 徐祝龄, 钟兆站, 等. 中国北方旱地农田水分平衡[M]. 北京: 中国农业出版社, 2000

[8] 彭世彰, 徐俊增. 农业高效节水灌溉理论与模型[M]. 北京: 科学出版社, 2009

[9] 姚付启, 刘惠英, 李亚龙, 等. 微润灌溉对脐橙生理生态参数的影响研究[J]. 南昌工程学院学报, 2014, 33(6): 11-14

[10] 高天明, 张瑞强, 王健, 等. 微润灌与滴灌对黄芪草地温度与产量的影响差异[J]. 节水灌溉, 2016, 8: 86-90

[11] 高祥照, 马文奇, 杜森, 等. 我国施肥中存在问题的分析[J]. 土壤通报, 2001, 32(6): 258-261

[12] 刘海涛, 蒋高明. 中国高效生态农业发展设想[J]. 高科技与产业化, 2014, 215(4): 52-55

[13] 任中生, 屈忠义, 孙贯芳, 等. 河套灌区膜下滴灌促进玉米生长及氮素吸收[J]. 节水灌溉, 2016, (9): 26-29

[14] 刘恕. 认知沙产业 践行沙产业——刘恕文集[M]. 北京: 科学普及出版社, 2012

[15] 王敬国. 设施菜田退化土壤修复与资源高效利用[M]. 北京: 中国农业大学出版社, 2011

[16] Long S P, Baker N R, Rains C A. Analysing the responses of photosynthetic $CO_2$ assimilation to long-term elevation of atmospheric $CO_2$ concentration, $CO_2$ and biosphere [J]. Vegetation, 1993, 104-105(1): 33-45

[17] 牛文全, 郭超. 根际土壤通透性对玉米水分和营养吸收的影响[J]. 应用生态学报, 2010, 21 (11): 2785-2791

[18] 赵旭, 李天来, 孙周平. 番茄基质通气栽培模式的效果[J]. 应用生态学报, 2010, 21 (1): 74-78

[19] 杨润亚, 张振华, 王洪梅, 等. 根际通气和盐分胁迫对玉米生长特性的影响[J]. 鲁东大学学报(自然科学版), 2010, 26(1):35-38

[20] Bhattarai S P, Su N, Midmore D R. Oxygation unlocks yield potentials of crops in oxygen-limited soil environments[J]. Advances in Agronomy, 2005, 88(5): 313-377

[21] Goorahoo D, Carstensen G, Zoldoske D F, et al. Using air in sub-surface drip irrigation (SDI) to increase yields in bell peppers[J]. Int Water Irrig, 2002, 22: 39-42

[22] 杨文君, 田磊, 杜太生, 等. 半透膜节水灌溉技术的研究进展[J]. 水资源与水工程学报, 2008, 19(6): 60-63

[23] 魏镇华, 陈庚, 徐淑君, 等. 交替控水条件下微润灌溉对番茄耗水和产量的影响[J]. 灌溉排水学报, 2014, 33(4/5): 139-143

[24] 张俊, 牛文全, 张琳琳, 等. 微润灌溉线源入渗湿润体特性试验研究[J]. 中国水土保持科学, 2012, 10(6): 32-38

[25] 薛万来, 牛文全, 张俊, 等. 压力水头对微润灌土壤水分运动特性影响的试验研究[J]. 灌溉排水学报, 2013, 6(12): 7-11

[26] 张俊, 牛文全, 张琳琳, 等. 初始含水率对微润灌溉线源入渗特征的影响[J]. 排灌机械工程学报, 2014, 32(1): 72-79

[27] 牛文全, 薛万来. 矿化度对微润灌土壤入渗特性的影响[J]. 农业机械学报, 2014, 45(4): 163-172

[28] 薛万来, 牛文全, 张子卓, 等. 微润灌溉对日光温室番茄生长及水分利用效率的影响[J]. 干旱地区农业研究, 2013, 31(6): 61-66

[29] 邱照宁, 江培福, 肖娟. 水温对低压微润管出流影响的试验研究[J]. 节水灌溉, 2015, (6):31-35

[30] 邱照宁, 江培福, 肖娟, 等. 微润管空气出流及制造偏差试验研究[J]. 节水灌溉, 2015, (3):12-14

[31] 罗金耀, 李小平, 连威. 微润灌溉技术原理初步研究[C]. 第九次全国微灌大会论文汇编, 2015: 710-735

[32] 江培福, 雷廷武, 刘晓辉, 等. 用毛细吸渗原理快速测量土壤田间持水量的研究[J]. 农业工程学报, 2006, 22(7): 1-4

[33] 张俊. 微润线源入渗湿润体特性试验研究[D]. 北京: 中国科学院大学, 2013

[34] 李恩羊. 渗灌条件下土壤水分运动的数学模拟[J]. 水利学报, 1982, (4): 1-10

[35] 张思聪, 惠士博, 雷志栋, 等. 渗灌的非饱和土壤水二维流动的探讨[J]. 土壤学报, 1985, 22(3): 209-222

[36] 张明炷, 黎庆淮, 石秀兰. 土壤学与农作学[M]. 北京: 中国水利水电出版社, 1994

[37] 姚付启, 刘惠英, 李亚龙, 等. 微润灌溉对脐橙生理生态参数的影响研究[J]. 南昌工程学院学报, 2014, (6): 11-14

[38] 朱燕翔, 王新坤, 程岩, 等. 半透膜微润管水力性能试验的研究[J]. 中国农村水利水电, 2015, (5): 23-25

[39] 汤英, 徐利岗, 刘学军, 等. 微润灌溉方式下枣树根区土壤水时空变化特征分析[C]. 第九次全国微灌大会论文汇编, 2015:703-709

[40] 汤英, 杜历, 杨维仁, 等. 果树微润灌溉条件下土壤水分变化特征试验研究[J]. 节水灌溉, 2014, (4): 27-30

[41] 祁世磊, 谢香文, 邱秀云, 等. 低压微润带出流与入渗试验研究[J]. 灌溉排水学报, 2013, 32(2): 90-92

[42] 谢香文, 祁世磊, 刘国宏, 等. 灌溉水泥沙量及粒径对微润管出流的影响[J]. 灌溉排水学报, 2014, 33(6): 38-40

[43] 陈高昕, 郭凤台, 王利书, 等. 基于 HYDRUS 的微润灌溉线源入渗数值模拟[J]. 人民黄河, 2016, 38(4): 145-148

[44] 张朝晖, 张建贵, 徐宝山. 微润管灌溉技术参数研究[J]. 灌溉排水学报, 2016, 34(8): 63-66

[45] 陈德军, 周黎勇, 李萌, 等. 干旱地区香梨地土壤温度随不同水分处理的变化[J]. 地下水, 2015, 37(6): 15-17

[46] 朱燕翔. 半透膜微润灌溉技术试验研究[D]. 镇江: 江苏大学, 2016

[47] 程岩. 半透膜微润灌溉自动控制技术研究[D]. 镇江: 江苏大学, 2016

[48] 张明智, 牛文全, 王京伟, 等. 微润管布置方式对夏玉米苗期生长的影响[J]. 节水灌溉, 2016, (3): 80-85

[49] 张子卓, 牛文全, 许健, 等. 膜下微润带埋深对温室番茄土壤水盐运移的影响[J]. 中国生态农业学报, 2015, 23(9): 1112-1121

[50] 刘国宏, 谢香文, 王则玉. 微润灌毛管不同布设方式对新定植红枣生长的影响[J]. 新疆农业科学, 2016, 53(2): 248-253

[51] 向长海, 柳祥林, 范拥军, 等. 柑橘园田间蓄水和微润灌溉技术[J]. 中国果业信息, 2014, 31(11): 76-77

[52] 柳祥林. 探索山区田间蓄水模式推广微润灌溉水肥一体化技术[J]. 农业与技术, 2014, (8): 33

[53] 沈鑫. 一种砒砂岩固结促生自然边坡治理技术[J]. 人民黄河, 2015, 37(8): 90-93

[54] 金建新, 桂林国, 何进勤, 等. 基于太阳能光伏发电提水微润管自动灌溉发展模式[J]. 节水灌溉, 2016, (1): 89-90

[55] 夏玉红, 陈智渊, 王瑞萍, 等. 自然动力条件下微润灌溉技术在河套地区农田中的应用研究[C]. 第七届内蒙古自治区自然科学学术年会, 2012: 891-894

[56] 张子卓, 张珂萌, 牛文全, 等. 微润带埋深对温室番茄生长和土壤水分动态的影响[J]. 干旱地区农业研究, 2015, 33(2): 122-129

[57] 董瑾. 新型节水设备及其在温室草莓上的应用效果对比[J]. 农业工程, 2013, 3(11): 27-30

[58] 张国祥, 申丽霞, 郭云梅. 基于微润灌溉技术的大棚白菜生长状况试验研究[J]. 节水灌溉, 2016, (7): 6-8

[59] 王坚. 温室茄子微润灌水分分布特征与生产效率试验研究[J]. 山西水利科技, 2016, (3): 76-79

[60] 何玉琴, 成自勇, 张芮, 等. 不同微润灌溉处理对玉米成长和产量的影响[J]. 华南农业大学学报, 2012, 33(4): 566-569

[61] 张群. 马铃薯微润灌溉试验研究[D]. 兰州: 甘肃农业大学, 2014

[62] 张明智. 微润灌溉对大田夏玉米、冬小麦生长的影响[D]. 杨凌: 西北农林科技大学, 2016

[63] 郑茜. 微润灌和微喷灌对草坪生长及灌溉用水量的影响[D]. 兰州: 兰州大学, 2016

[64] 梁占岐, 何京丽, 珊丹, 等. 再塑地貌边坡人工植被恢复适宜灌水方式研究[J]. 中国水土保持, 2016, (7): 57-60